한솔 완벽한 연산

수학은 마라톤입니다.
지금 여러분은 출발 지점에 서 있습니다.
초등학교 저학년 때는
수학 마라톤을 잘 하기 위해
기초 체력을 튼튼히 길러야 합니다.

한솔 완벽한 연산으로 시작하세요.
마라톤을 잘 뛸 수 있는 완벽한 연산 실력을 키워줍니다.

한솔스쿨

❓ 왜 완벽한 연산인가요?

✏️ 기초 연산은 물론, 학교 연산까지 이 책 시리즈 하나면 완벽하게 끝나기 때문입니다. '한솔 완벽한 연산'은 하루 8쪽씩, 5일 동안 4주분을 학습하고, 마지막 주에는 학교 시험에 완벽하게 대비할 수 있도록 '연산 UP' 16쪽을 추가로 제공합니다.
매일 꾸준한 연습으로 연산 실력을 키우기에 충분한 학습량입니다.
'한솔 완벽한 연산' 하나면 기초 연산도 학교 연산도 완벽하게 대비할 수 있습니다.

❓ 몇 단계로 구성되고, 몇 학년이 풀 수 있나요?

✏️ 모두 6단계로 구성되어 있습니다.
'한솔 완벽한 연산'은 한 단계가 1개 학년이 아닙니다. 연산의 기초 훈련이 가장 필요한 시기인 초등 2~3학년에 집중하여 여러 단계로 구성하였습니다.
이 시기에는 수학의 기초 체력을 튼튼히 길러야 하니까요.

단계	권장 학년	학습 내용
MA	6~7세	100까지의 수, 더하기와 빼기
MB	초등 1~2학년	한 자리 수의 덧셈, 두 자리 수의 덧셈
MC	초등 1~2학년	두 자리 수의 덧셈과 뺄셈
MD	초등 2~3학년	두·세 자리 수의 덧셈과 뺄셈
ME	초등 2~3학년	곱셈구구, (두·세 자리 수)×(한 자리 수), (두·세 자리 수)÷(한 자리 수)
MF	초등 3~4학년	(두·세 자리 수)×(두 자리 수), (두·세 자리 수)÷(두 자리 수), 분수·소수의 덧셈과 뺄셈

② 책 한 권은 어떻게 구성되어 있나요?

✎ 책 한 권은 모두 4주 학습으로 구성되어 있습니다.
한 주는 모두 40쪽으로 하루에 8쪽씩, 5일 동안 푸는 것을 권장합니다.
마지막 5주차에는 학교 시험에 대비할 수 있는 '연산 UP'을 학습합니다.

② '한솔 완벽한 연산'도 매일매일 풀어야 하나요?

✎ 물론입니다. 매일매일 규칙적으로 연습을 해야 연산 능력이 향상되기 때문입니다.
월요일부터 금요일까지 매일 8쪽씩, 4주 동안 규칙적으로 풀고, 마지막 주에
'연산 UP' 16쪽을 다 풀면 한 권 학습이 끝납니다.
매일매일 푸는 습관이 잡히면 개인 진도에 따라 두 달에 3권을 푸는 것도 가능
합니다.

② 하루 8쪽씩이라구요? 너무 많은 양 아닌가요?

✎ '한솔 완벽한 연산'은 술술 풀면서 잘 넘어가는 학습지입니다.
공부하는 학생 입장에서는 빡빡한 문제를 4쪽 푸는 것보다 술술 넘어가는 문제를
8쪽 푸는 것이 훨씬 큰 성취감을 느낄 수 있습니다.
'한솔 완벽한 연산'은 학생의 연령을 고려해 쪽당 학습량을 전략적으로 구성했습니
다. 그래서 학생이 부담을 덜 느끼면서 효과적으로 학습할 수 있습니다.

학교 진도와 맞추려면 어떻게 공부해야 하나요?

이 책은 한 권을 한 달 동안 푸는 것을 권장합니다.
각 단계별 학교 진도는 다음과 같습니다.

단계	MA	MB	MC	MD	ME	MF
권 수	8권	5권	7권	7권	7권	7권
학교 진도	초등 이전	초등 1학년	초등 2학년	초등 3학년	초등 3학년	초등 4학년

초등학교 1학년이 3월에 MB 단계부터 매달 1권씩 꾸준히 푼다고 한다면 2학년이 시작될 때 MD 단계를 풀게 되고, 3학년 때 MF 단계(4학년 과정)까지 마무리할 수 있습니다.
이 책 시리즈로 꼼꼼히 학습하게 되면 일반 방문학습지 못지 않게 충분한 연산 실력을 쌓게 되고 조금씩 다음 학년 진도까지 학습할 수 있다는 장점이 있습니다.
매일 꾸준히 성실하게 학습한다면 학년 구분 없이 원하는 진도를 스스로 계획하고 진행해 나갈 수 있습니다.

⑦ '연산 UP'은 어떻게 공부해야 하나요?

'연산 UP'은 4주 동안 훈련한 연산 능력을 확인하는 과정이자 학교에서 흔히 접하는 계산 유형 문제까지 접할 수 있는 코너입니다.
'연산 UP'의 구성은 다음과 같습니다.

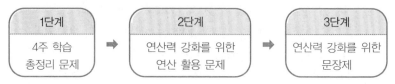

'연산 UP'은 모두 16쪽으로 구성되었으므로 하루 8쪽씩 2일 동안 학습하고, 다음 단계로 진행할 것을 권장합니다.

MA 6~7세

권	제목	주차별 학습 내용	
1	20까지의 수 1	1주	5까지의 수 (1)
		2주	5까지의 수 (2)
		3주	5까지의 수 (3)
		4주	10까지의 수
2	20까지의 수 2	1주	10까지의 수 (1)
		2주	10까지의 수 (2)
		3주	20까지의 수 (1)
		4주	20까지의 수 (2)
3	20까지의 수 3	1주	20까지의 수 (1)
		2주	20까지의 수 (2)
		3주	20까지의 수 (3)
		4주	20까지의 수 (4)
4	50까지의 수	1주	50까지의 수 (1)
		2주	50까지의 수 (2)
		3주	50까지의 수 (3)
		4주	50까지의 수 (4)
5	1000까지의 수	1주	100까지의 수 (1)
		2주	100까지의 수 (2)
		3주	100까지의 수 (3)
		4주	1000까지의 수
6	수 가르기와 모으기	1주	수 가르기 (1)
		2주	수 가르기 (2)
		3주	수 모으기 (1)
		4주	수 모으기 (2)
7	덧셈의 기초	1주	상황 속 덧셈
		2주	더하기 1
		3주	더하기 2
		4주	더하기 3
8	뺄셈의 기초	1주	상황 속 뺄셈
		2주	빼기 1
		3주	빼기 2
		4주	빼기 3

 MB 초등 1 · 2학년 ①

권	제목	주차별 학습 내용	
1	덧셈 1	1주	받아올림이 없는 (한 자리 수)+(한 자리 수) (1)
		2주	받아올림이 없는 (한 자리 수)+(한 자리 수) (2)
		3주	받아올림이 없는 (한 자리 수)+(한 자리 수) (3)
		4주	받아올림이 없는 (두 자리 수)+(한 자리 수)
2	덧셈 2	1주	받아올림이 없는 (두 자리 수)+(한 자리 수)
		2주	받아올림이 있는 (한 자리 수)+(한 자리 수) (1)
		3주	받아올림이 있는 (한 자리 수)+(한 자리 수) (2)
		4주	받아올림이 있는 (한 자리 수)+(한 자리 수) (3)
3	뺄셈 1	1주	(한 자리 수)-(한 자리 수) (1)
		2주	(한 자리 수)-(한 자리 수) (2)
		3주	(한 자리 수)-(한 자리 수) (3)
		4주	받아내림이 없는 (두 자리 수)-(한 자리 수)
4	뺄셈 2	1주	받아내림이 있는 (두 자리 수)-(한 자리 수)
		2주	받아내림이 있는 (두 자리 수)-(한 자리 수) (1)
		3주	받아내림이 있는 (두 자리 수)-(한 자리 수) (2)
		4주	받아내림이 있는 (두 자리 수)-(한 자리 수) (3)
5	덧셈과 뺄셈의 완성	1주	(한 자리 수)+(한 자리 수), (한 자리 수)-(한 자리 수)
		2주	세 수의 덧셈, 세 수의 뺄셈 (1)
		3주	(한 자리 수)+(한 자리 수), (두 자리 수)+(한 자리 수)
		4주	세 수의 덧셈, 세 수의 뺄셈 (2)

초등 1 · 2학년 ②

권	제목		주차별 학습 내용
1	두 자리 수의 덧셈 1	1주	받아올림이 없는 (두 자리 수)+(한 자리 수)
		2주	몇십 만들기
		3주	받아올림이 있는 (두 자리 수)+(한 자리 수)(1)
		4주	받아올림이 있는 (두 자리 수)+(한 자리 수)(2)
2	두 자리 수의 덧셈 2	1주	받아올림이 없는 (두 자리 수)+(두 자리 수)(1)
		2주	받아올림이 없는 (두 자리 수)+(두 자리 수)(2)
		3주	받아올림이 없는 (두 자리 수)+(두 자리 수)(3)
		4주	받아올림이 없는 (두 자리 수)+(두 자리 수)(4)
3	두 자리 수의 덧셈 3	1주	받아올림이 있는 (두 자리 수)+(두 자리 수)(1)
		2주	받아올림이 있는 (두 자리 수)+(두 자리 수)(2)
		3주	받아올림이 있는 (두 자리 수)+(두 자리 수)(3)
		4주	받아올림이 있는 (두 자리 수)+(두 자리 수)(4)
4	두 자리 수의 뺄셈 1	1주	받아내림이 없는 (두 자리 수)−(한 자리 수)
		2주	몇십에서 빼기
		3주	받아내림이 있는 (두 자리 수)−(한 자리 수)(1)
		4주	받아내림이 있는 (두 자리 수)−(한 자리 수)(2)
5	두 자리 수의 뺄셈 2	1주	받아내림이 없는 (두 자리 수)−(두 자리 수)(1)
		2주	받아내림이 없는 (두 자리 수)−(두 자리 수)(2)
		3주	받아내림이 없는 (두 자리 수)−(두 자리 수)(3)
		4주	받아내림이 없는 (두 자리 수)−(두 자리 수)(4)
6	두 자리 수의 뺄셈 3	1주	받아내림이 있는 (두 자리 수)−(두 자리 수)(1)
		2주	받아내림이 있는 (두 자리 수)−(두 자리 수)(2)
		3주	받아내림이 있는 (두 자리 수)−(두 자리 수)(3)
		4주	받아내림이 있는 (두 자리 수)−(두 자리 수)(4)
7	덧셈과 뺄셈의 완성	1주	세 수의 덧셈
		2주	세 수의 뺄셈
		3주	(두 자리 수)+(한 자리 수), (두 자리 수)−(한 자리 수) 종합
		4주	(두 자리 수)+(두 자리 수), (두 자리 수)−(두 자리 수) 종합

 초등 2 · 3학년 ①

권	제목		주차별 학습 내용
1	두 자리 수의 덧셈	1주	받아올림이 있는 (두 자리 수)+(두 자리 수)(1)
		2주	받아올림이 있는 (두 자리 수)+(두 자리 수)(2)
		3주	받아올림이 있는 (두 자리 수)+(두 자리 수)(3)
		4주	받아올림이 있는 (두 자리 수)+(두 자리 수)(4)
2	세 자리 수의 덧셈 1	1주	받아올림이 없는 (세 자리 수)+(두 자리 수)
		2주	받아올림이 있는 (세 자리 수)+(두 자리 수)(1)
		3주	받아올림이 있는 (세 자리 수)+(두 자리 수)(2)
		4주	받아올림이 있는 (세 자리 수)+(두 자리 수)(3)
3	세 자리 수의 덧셈 2	1주	받아올림이 있는 (세 자리 수)+(세 자리 수)(1)
		2주	받아올림이 있는 (세 자리 수)+(세 자리 수)(2)
		3주	받아올림이 있는 (세 자리 수)+(세 자리 수)(3)
		4주	받아올림이 있는 (세 자리 수)+(세 자리 수)(4)
4	두·세 자리 수의 뺄셈	1주	받아내림이 있는 (두 자리 수)−(두 자리 수)(1)
		2주	받아내림이 있는 (두 자리 수)−(두 자리 수)(2)
		3주	받아내림이 있는 (두 자리 수)−(두 자리 수)(3)
		4주	받아내림이 없는 (세 자리 수)−(두 자리 수)
5	세 자리 수의 뺄셈 1	1주	받아내림이 있는 (세 자리 수)−(두 자리 수)(1)
		2주	받아내림이 있는 (세 자리 수)−(두 자리 수)(2)
		3주	받아내림이 있는 (세 자리 수)−(두 자리 수)(3)
		4주	받아내림이 있는 (세 자리 수)−(두 자리 수)(4)
6	세 자리 수의 뺄셈 2	1주	받아내림이 있는 (세 자리 수)−(세 자리 수)(1)
		2주	받아내림이 있는 (세 자리 수)−(세 자리 수)(2)
		3주	받아내림이 있는 (세 자리 수)−(세 자리 수)(3)
		4주	받아내림이 있는 (세 자리 수)−(세 자리 수)(4)
7	덧셈과 뺄셈의 완성	1주	덧셈의 완성(1)
		2주	덧셈의 완성(2)
		3주	뺄셈의 완성(1)
		4주	뺄셈의 완성(2)

주별 학습 내용 MD단계 ❷권

MD단계 2권

받아올림이 없는
(세 자리 수)+(두 자리 수)

1주차

요일	교재 번호	학습한 날짜		확인
1일차(월)	01~08	월	일	
2일차(화)	09~16	월	일	
3일차(수)	17~24	월	일	
4일차(목)	25~32	월	일	
5일차(금)	33~40	월	일	

MD01 받아올림이 없는 (세 자리 수)+(두 자리 수)

● 덧셈을 하세요.

(1)
```
    1 0
+   2 0
─────────
```

(5)
```
    3 0
+   5 1
─────────
```

(2)
```
    1 0
+   3 0
─────────
```

(6)
```
    3 0
+   1 3
─────────
```

(3)
```
    2 1
+   4 0
─────────
```

(7)
```
    4 2
+   3 0
─────────
```

(4)
```
    2 0
+   3 8
─────────
```

(8)
```
    4 8
+   2 0
─────────
```

(9)
```
    5 6
+   2 3
─────────
```

(13)
```
    7 3
+   1 0
─────────
```

(10)
```
    5 2
+   1 2
─────────
```

(14)
```
    7 1
+   2 1
─────────
```

(11)
```
    6 0
+   3 4
─────────
```

(15)
```
    8 4
+   1 3
─────────
```

(12)
```
    6 5
+   2 1
─────────
```

(16)
```
    8 7
+   1 2
─────────
```

MD01 받아올림이 없는 (세 자리 수)+(두 자리 수)

● 덧셈을 하세요.

(1)
```
   1 0 0
 +   4 0
 ─────────
   1 4 0
```

(5)
```
   1 7 0
 +   2 0
 ─────────
```

(2)
```
   1 0 0
 +   1 0
 ─────────
   1 1 0
```

(6)
```
   1 2 0
 +   6 0
 ─────────
```

(3)
```
   1 0 0
 +   3 0
 ─────────
```

(7)
```
   1 4 0
 +   2 0
 ─────────
```

(4)
```
   1 6 0
 +   1 0
 ─────────
```

(8)
```
   1 0 0
 +   8 0
 ─────────
```

(9)

```
    1 2 0
  +   5 3
  ───────
```

(13)

```
    1 8 1
  +   1 0
  ───────
```

(10)

```
    1 5 3
  +   3 0
  ───────
```

(14)

```
    1 1 2
  +   5 2
  ───────
```

(11)

```
    1 4 0
  +   2 5
  ───────
```

(15)

```
    1 3 4
  +   6 2
  ───────
```

(12)

```
    1 6 0
  +   1 2
  ───────
```

(16)

```
    1 7 6
  +   2 1
  ───────
```

MD01 받아올림이 없는 (세 자리 수)+(두 자리 수)

● 덧셈을 하세요.

(1)
```
    2 0 0
+     4 0
─────────
```

(5)
```
    2 6 0
+     1 2
─────────
```

(2)
```
    2 0 0
+     3 0
─────────
```

(6)
```
    2 3 3
+     4 0
─────────
```

(3)
```
    2 1 0
+     7 0
─────────
```

(7)
```
    2 0 4
+     2 0
─────────
```

(4)
```
    2 1 8
+     1 0
─────────
```

(8)
```
    2 4 0
+     3 7
─────────
```

(9)
```
    2 5 7
+     3 0
─────────
```

(13)
```
    2 3 2
+     2 4
─────────
```

(10)
```
    2 2 0
+     4 5
─────────
```

(14)
```
    2 0 3
+     3 0
─────────
```

(11)
```
    2 6 1
+     1 1
─────────
```

(15)
```
    2 0 5
+     5 3
─────────
```

(12)
```
    2 2 6
+     2 3
─────────
```

(16)
```
    2 1 4
+     3 2
─────────
```

MD01 받아올림이 없는 (세 자리 수)+(두 자리 수)

● 덧셈을 하세요.

(1)
```
    3 0 0
  +   9 0
  _____
```

(5)
```
    3 1 2
  +   8 2
  _____
```

(2)
```
    3 2 0
  +   5 0
  _____
```

(6)
```
    3 7 3
  +   1 4
  _____
```

(3)
```
    3 4 0
  +   2 7
  _____
```

(7)
```
    3 0 4
  +   4 5
  _____
```

(4)
```
    3 6 2
  +   3 0
  _____
```

(8)
```
    3 3 1
  +   5 1
  _____
```

(9)
```
    4 1 0
  +   3 0
  ───────
```

(13)
```
    4 5 2
  +   3 6
  ───────
```

(10)
```
    4 0 0
  +   2 1
  ───────
```

(14)
```
    4 2 6
  +   4 2
  ───────
```

(11)
```
    4 6 0
  +   3 8
  ───────
```

(15)
```
    4 1 5
  +   1 2
  ───────
```

(12)
```
    4 0 4
  +   5 2
  ───────
```

(16)
```
    4 3 0
  +   5 4
  ───────
```

MD01 받아올림이 없는 (세 자리 수)+(두 자리 수)

● 덧셈을 하세요.

(1)
```
    1 1 0
+     6 0
─────────
```

(2)
```
    1 2 0
+     5 0
─────────
```

(3)
```
    1 8 5
+     1 0
─────────
```

(4)
```
    1 0 7
+     6 1
─────────
```

(5)
```
    2 5 3
+     1 3
─────────
```

(6)
```
    2 6 3
+     2 4
─────────
```

(7)
```
    2 4 1
+     3 5
─────────
```

(8)
```
    2 7 9
+     2 0
─────────
```

(9)

```
    3 5 4
+     1 4
```

(13)

```
    4 1 4
+     8 3
```

(10)

```
    3 2 5
+     3 4
```

(14)

```
    4 6 1
+     1 5
```

(11)

```
    3 7 0
+     2 8
```

(15)

```
    4 0 6
+     6 2
```

(12)

```
    3 4 2
+     2 0
```

(16)

```
    4 0 7
+     1 1
```

MD01 받아올림이 없는 (세 자리 수)+(두 자리 수)

● 덧셈을 하세요.

(1)
```
    5  1  0
+      7  1
```

(5)
```
    5  3  5
+      4  1
```

(2)
```
    5  5  6
+      4  3
```

(6)
```
    5  1  1
+      1  7
```

(3)
```
    5  2  4
+      6  2
```

(7)
```
    5  4  3
+      3  5
```

(4)
```
    5  0  9
+      2  0
```

(8)
```
    5  2  7
+      2  2
```

(9)
```
    6 4 5
+     2 2
─────────
```

(13)
```
    6 3 3
+     4 3
─────────
```

(10)
```
    6 1 8
+     6 0
─────────
```

(14)
```
    6 2 3
+     2 0
─────────
```

(11)
```
    6 1 1
+     1 2
─────────
```

(15)
```
    6 5 2
+     3 4
─────────
```

(12)
```
    6 0 0
+     8 1
─────────
```

(16)
```
    6 2 4
+     3 2
─────────
```

MD01 받아올림이 없는 (세 자리 수)+(두 자리 수)

● 덧셈을 하세요.

(1)
```
    7 4 0
  +   3 0
  -------
```

(5)
```
    7 2 3
  +   6 4
  -------
```

(2)
```
    7 0 4
  +   4 3
  -------
```

(6)
```
    7 6 2
  +   1 4
  -------
```

(3)
```
    7 1 0
  +   1 3
  -------
```

(7)
```
    7 8 5
  +   1 3
  -------
```

(4)
```
    7 2 0
  +   2 5
  -------
```

(8)
```
    7 3 9
  +   5 0
  -------
```

(9)
```
    8 1 6
  +   5 2
  ───────
```

(13)
```
    8 4 2
  +   5 4
  ───────
```

(10)
```
    8 1 5
  +   1 3
  ───────
```

(14)
```
    8 5 4
  +   3 2
  ───────
```

(11)
```
    8 0 1
  +   2 8
  ───────
```

(15)
```
    8 0 3
  +   7 5
  ───────
```

(12)
```
    8 3 0
  +   2 1
  ───────
```

(16)
```
    8 6 0
  +   1 4
  ───────
```

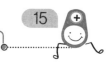

MD01 받아올림이 없는 (세 자리 수)+(두 자리 수)

● 덧셈을 하세요.

(1)
```
  9 0 0
+   9 1
```

(5)
```
  9 4 3
+   3 2
```

(2)
```
  9 5 0
+   4 2
```

(6)
```
  9 6 5
+   1 3
```

(3)
```
  9 1 2
+   5 2
```

(7)
```
  9 2 0
+   1 5
```

(4)
```
  9 7 1
+   2 4
```

(8)
```
  9 3 6
+   4 1
```

(9)
```
    5 7 1
  +   1 4
  ───────
```

(13)
```
    7 2 6
  +   2 3
  ───────
```

(10)
```
    5 3 4
  +   5 2
  ───────
```

(14)
```
    7 0 5
  +   2 4
  ───────
```

(11)
```
    6 5 2
  +   2 0
  ───────
```

(15)
```
    8 1 8
  +   4 1
  ───────
```

(12)
```
    6 3 3
  +   3 5
  ───────
```

(16)
```
    9 8 7
  +   1 1
  ───────
```

MD01 받아올림이 없는 (세 자리 수)+(두 자리 수)

● 덧셈을 하세요.

(1)
```
    5 2 0
+     5 0
─────────
```

(5)
```
    6 8 2
+     1 6
─────────
```

(2)
```
    5 7 4
+     2 3
─────────
```

(6)
```
    6 3 5
+     5 2
─────────
```

(3)
```
    5 1 0
+     5 4
─────────
```

(7)
```
    6 4 7
+     4 2
─────────
```

(4)
```
    5 5 1
+     1 1
─────────
```

(8)
```
    7 6 0
+     2 1
─────────
```

(9)
```
    7 6 4
+     2 5
─────────
```

(13)
```
    8 2 6
+     3 0
─────────
```

(10)
```
    7 1 0
+     5 1
─────────
```

(14)
```
    9 4 3
+     3 5
─────────
```

(11)
```
    8 2 1
+     2 0
─────────
```

(15)
```
    9 3 5
+     2 4
─────────
```

(12)
```
    8 0 2
+     6 1
─────────
```

(16)
```
    9 0 7
+     4 1
─────────
```

MD01 받아올림이 없는 (세 자리 수)+(두 자리 수)

● 덧셈을 하세요.

(1)
```
  1 2 1
+   2 2
───────
```

(5)
```
  2 6 0
+   3 4
───────
```

(2)
```
  2 5 4
+   3 4
───────
```

(6)
```
  3 1 0
+   2 0
───────
```

(3)
```
  3 2 7
+   4 0
───────
```

(7)
```
    1 2
+ 4 7 0
───────
  4 8 2
```

(4)
```
  4 8 2
+   1 3
───────
```

(8)
```
    6 1
+ 5 3 6
───────
```

(9)
```
    3 1 0
  +   7 0
  -------
```

(13)
```
    4 4 3
  +   2 4
  -------
```

(10)
```
    4 5 0
  +   3 2
  -------
```

(14)
```
    5 0 5
  +   3 2
  -------
```

(11)
```
    5 8 1
  +   1 2
  -------
```

(15)
```
      6 0
  + 6 1 8
  -------
```

(12)
```
    6 3 2
  +   3 4
  -------
```

(16)
```
      2 3
  + 7 2 4
  -------
```

MD01 받아올림이 없는 (세 자리 수)+(두 자리 수)

● 덧셈을 하세요.

(1)
```
    1 5 4
  +   1 4
  -------
```

(5)
```
    9 3 1
  +   5 0
  -------
```

(2)
```
    3 1 0
  +   1 5
  -------
```

(6)
```
    2 6 7
  +   2 1
  -------
```

(3)
```
    5 0 2
  +   1 6
  -------
```

(7)
```
      2 3
  + 4 0 6
  -------
```

(4)
```
    7 2 5
  +   3 4
  -------
```

(8)
```
      3 2
  + 6 4 3
  -------
```

(9)

```
    8 2 3
+     6 0
```

(13)

```
    3 1 4
+     7 5
```

(10)

```
    1 7 0
+     2 1
```

(14)

```
    7 0 2
+     5 2
```

(11)

```
    5 3 0
+     4 0
```

(15)

```
      3 2
+   2 4 6
```

(12)

```
    4 5 1
+     2 3
```

(16)

```
      3 2
+   9 6 5
```

MD01 받아올림이 없는 (세 자리 수)+(두 자리 수)

● 덧셈을 하세요.

(1)
```
    1 6 2
+     1 3
─────────
```

(5)
```
    5 4 3
+     3 3
─────────
```

(2)
```
    4 3 0
+     3 2
─────────
```

(6)
```
    8 7 4
+     2 2
─────────
```

(3)
```
    7 2 1
+     6 4
─────────
```

(7)
```
      8 2
+   3 0 6
─────────
```

(4)
```
    2 5 2
+     4 2
─────────
```

(8)
```
      1 5
+   6 0 3
─────────
```

(9)
```
    9 0 0
  +   2 6
  -------
```

(13)
```
    8 4 5
  +   1 3
  -------
```

(10)
```
    2 3 7
  +   5 2
  -------
```

(14)
```
    1 2 4
  +   2 0
  -------
```

(11)
```
    4 8 3
  +   1 2
  -------
```

(15)
```
      3 0
  + 3 2 1
  -------
```

(12)
```
    6 1 0
  +   6 5
  -------
```

(16)
```
      4 3
  + 5 5 6
  -------
```

MD01 받아올림이 없는 (세 자리 수)+(두 자리 수)

● 덧셈을 하세요.

(1)
```
  1 1 0
+   3 0
```

(5)
```
  5 4 9
+   5 0
```

(2)
```
  2 3 0
+   2 0
```

(6)
```
  6 8 3
+   1 2
```

(3)
```
  3 6 0
+   1 3
```

(7)
```
    6 1
+ 7 2 6
```

(4)
```
  4 1 7
+   4 1
```

(8)
```
    3 5
+ 8 4 4
```

(9)
```
    3 7 0
+     1 0
─────────
```

(13)
```
    1 6 4
+     3 2
─────────
```

(10)
```
    6 4 9
+     3 0
─────────
```

(14)
```
    4 0 7
+     6 1
─────────
```

(11)
```
    2 4 2
+     2 5
─────────
```

(15)
```
      4 3
+   8 1 5
─────────
```

(12)
```
    9 2 3
+     1 6
─────────
```

(16)
```
      2 7
+   5 2 0
─────────
```

MD01 받아올림이 없는 (세 자리 수) + (두 자리 수)

● 덧셈을 하세요.

(1)

	1	0	0
+	1	0	0
	2	0	0

(5)

	1	0	0
+	2	0	0

(2)

	1	0	0
+	1	3	0

(6)

	1	0	0
+	2	1	0

(3)

	1	4	0
+	1	0	0

(7)

	1	3	0
+	3	0	0

(4)

	1	6	0
+	1	0	0

(8)

	1	2	0
+	4	5	0

(9)
```
    2 1 0
  + 1 2 0
  -------
```

(13)
```
    2 3 0
  + 2 6 7
  -------
```

(10)
```
    2 2 0
  + 1 1 3
  -------
```

(14)
```
    2 5 3
  + 2 4 1
  -------
```

(11)
```
    2 7 2
  + 1 0 0
  -------
```

(15)
```
    2 0 4
  + 3 6 3
  -------
```

(12)
```
    2 4 0
  + 2 3 6
  -------
```

(16)
```
    2 2 7
  + 3 5 0
  -------
```

MD01 받아올림이 없는 (세 자리 수)+(두 자리 수)

● 덧셈을 하세요.

(1)
$$\begin{array}{r} 3\ 2\ 4 \\ +\ 1\ 5\ 3 \\ \hline \end{array}$$

(5)
$$\begin{array}{r} 4\ 6\ 3 \\ +\ 2\ 2\ 2 \\ \hline \end{array}$$

(2)
$$\begin{array}{r} 3\ 1\ 0 \\ +\ 2\ 6\ 5 \\ \hline \end{array}$$

(6)
$$\begin{array}{r} 4\ 4\ 5 \\ +\ 3\ 3\ 4 \\ \hline \end{array}$$

(3)
$$\begin{array}{r} 3\ 3\ 2 \\ +\ 1\ 4\ 7 \\ \hline \end{array}$$

(7)
$$\begin{array}{r} 4\ 2\ 0 \\ +\ 1\ 7\ 3 \\ \hline \end{array}$$

(4)
$$\begin{array}{r} 3\ 0\ 8 \\ +\ 1\ 7\ 1 \\ \hline \end{array}$$

(8)
$$\begin{array}{r} 4\ 5\ 1 \\ +\ 2\ 3\ 6 \\ \hline \end{array}$$

(9)
```
    5 4 3
  + 1 5 2
  ———————
```

(13)
```
    6 5 6
  + 1 2 3
  ———————
```

(10)
```
    5 6 2
  + 3 2 4
  ———————
```

(14)
```
    6 0 5
  + 2 4 3
  ———————
```

(11)
```
    5 3 1
  + 2 5 1
  ———————
```

(15)
```
    6 1 7
  + 1 5 2
  ———————
```

(12)
```
    5 2 4
  + 1 6 3
  ———————
```

(16)
```
    6 8 3
  + 1 0 3
  ———————
```

MD01 받아올림이 없는 (세 자리 수)+(두 자리 수)

● 덧셈을 하세요.

(1)
```
    7 4 5
  + 1 2 3
```

(5)
```
    8 3 7
  + 1 4 0
```

(2)
```
    7 1 3
  + 2 4 5
```

(6)
```
    8 6 8
  + 1 3 1
```

(3)
```
    7 2 4
  + 1 5 3
```

(7)
```
    8 5 2
  + 1 2 3
```

(4)
```
    7 7 6
  + 2 2 2
```

(8)
```
    8 0 1
  + 1 7 8
```

(9)

```
    1 5 1
+   1 3 2
─────────
```

(13)

```
    3 4 5
+   5 2 3
─────────
```

(10)

```
    2 2 4
+   3 5 2
─────────
```

(14)

```
    8 1 2
+   1 4 6
─────────
```

(11)

```
    7 0 3
+   2 5 3
─────────
```

(15)

```
    6 7 0
+   3 1 7
─────────
```

(12)

```
    5 3 1
+   4 2 8
─────────
```

(16)

```
    4 2 6
+   2 4 3
─────────
```

MD01 받아올림이 없는 (세 자리 수)+(두 자리 수)

● ☐ 안에 알맞은 수를 쓰세요.

(1)
```
    1 3 2
+     4 5
─────────
```

(4)
```
    1 3 2
+   □ □
─────────
    1 7 7
```

(2)
```
    3 2 6
+     3 2
─────────
```

(5)
```
    3 2 6
+   □ □
─────────
    3 5 8
```

(3)
```
    2 5 4
+     1 3
─────────
```

(6)
```
    2 5 4
+   □ □
─────────
    2 6 7
```

(7)
```
    4 1 5
+     4 3
─────────
```

(11)
```
    5 2 0
+   □ □
─────────
    5 7 7
```

(8)
```
    5 2 0
+     5 7
─────────
```

(12)
```
    4 1 5
+   □ □
─────────
    4 5 8
```

(9)
```
    7 4 6
+     3 2
─────────
```

(13)
```
    6 0 3
+   □ □
─────────
    6 1 7
```

(10)
```
    6 0 3
+     1 4
─────────
```

(14)
```
    7 4 6
+   □ □
─────────
    7 7 8
```

MD01 받아올림이 없는 (세 자리 수) + (두 자리 수)

● ☐ 안에 알맞은 수를 쓰세요.

(1)
```
    1 1 1
+     □ □
    1 6 9
```

(4)
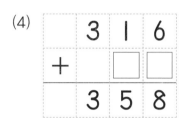
```
    3 1 6
+     □ □
    3 5 8
```

(2)
```
    4 2 9
+     □ □
    4 7 9
```

(5)
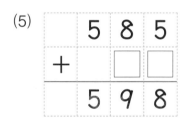
```
    5 8 5
+     □ □
    5 9 8
```

(3)
```
    7 3 2
+     □ □
    7 9 4
```

(6)
```
    2 4 7
+     □ □
    2 7 8
```

(7)

	6	4	8
+		□	□
	6	9	9

(11)

	9	5	2
+		□	□
	9	9	7

(8)

	3	3	5
+		□	□
	3	5	6

(12)

	5	1	4
+		□	□
	5	5	8

(9)

	8	1	3
+		□	□
	8	7	9

(13)

	4	2	5
+		□	□
	4	4	9

(10)

	7	8	0
+		□	□
	7	9	6

(14)

	1	4	7
+		□	□
	1	6	7

46 한솔 완벽한 연산

MD01 받아올림이 없는 (세 자리 수)+(두 자리 수)

● ☐ 안에 알맞은 수를 쓰세요.

(1)
```
    1 4 6
+   5 2 3
─────────
```

(4)
```
    1 4 6
+   □ □ □
─────────
    6 6 9
```

(2)
```
    2 7 8
+   6 1 1
─────────
```

(5)
```
    2 7 8
+   □ □ □
─────────
    8 8 9
```

(3)
```
    3 5 0
+   4 3 7
─────────
```

(6)
```
    3 5 0
+   □ □ □
─────────
    7 8 7
```

(7)
```
    2 1 4
+   2 3 5
─────────
```

(11)
```
    3 5 6
+   □ □ □
─────────
    7 7 9
```

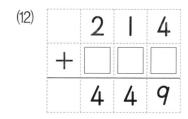

(8)
```
    7 4 3
+   1 5 2
─────────
```

(12)
```
    2 1 4
+   □ □ □
─────────
    4 4 9
```

(9)
```
    3 5 6
+   4 2 3
─────────
```

(13)
```
    6 2 5
+   □ □ □
─────────
    9 8 6
```

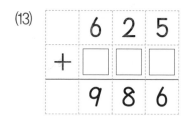

(10)
```
    6 2 5
+   3 6 1
─────────
```

(14)
```
    7 4 3
+   □ □ □
─────────
    8 9 5
```

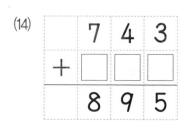

MD01 받아올림이 없는 (세 자리 수)+(두 자리 수)

● □ 안에 알맞은 수를 쓰세요.

(1)
```
    4 5 2
  + □ □ □
    6 6 3
```

(4)
```
    5 1 8
  + □ □ □
    7 8 8
```

(2)
```
    7 4 9
  + □ □ □
    8 7 9
```

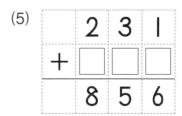

(5)
```
    2 3 1
  + □ □ □
    8 5 6
```

(3)
```
    3 2 7
  + □ □ □
    9 6 8
```

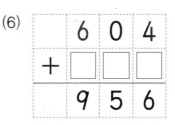

(6)
```
    6 0 4
  + □ □ □
    9 5 6
```

(7)
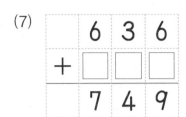

(11)
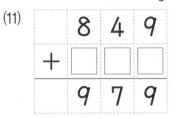

(8)
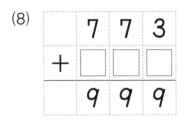

(12)
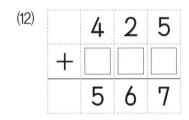

(9)
```
    3  1  6
+  □  □  □
─────────
    4  7  8
```

(13)
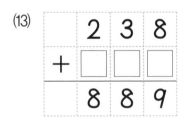

(10)
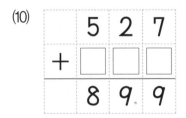

(14)
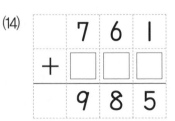

받아올림이 있는
(세 자리 수)+(두 자리 수) (1)

2주차

요일	교재 번호	학습한 날짜		확인
1일차(월)	01~08	월	일	
2일차(화)	09~16	월	일	
3일차(수)	17~24	월	일	
4일차(목)	25~32	월	일	
5일차(금)	33~40	월	일	

● 덧셈을 하세요.

(1)
```
    1 2
+   7 8
─────────
```

(5)
```
    3 5
+   5 5
─────────
```

(2)
```
    2 4
+   4 8
─────────
```

(6)
```
    1 3
+   7 8
─────────
```

(3)
```
    2 5
+   3 8
─────────
```

(7)
```
    2 3
+   6 9
─────────
```

(4)
```
    1 6
+   2 9
─────────
```

(8)
```
    4 7
+   1 8
─────────
```

(9)
```
    5 0
+   6 0
─────────
```

(13)
```
    7 6
+   5 1
─────────
```

(10)
```
    5 0
+   8 0
─────────
```

(14)
```
    8 2
+   4 6
─────────
```

(11)
```
    6 7
+   7 2
─────────
```

(15)
```
    8 9
+   6 0
─────────
```

(12)
```
    6 4
+   4 3
─────────
```

(16)
```
    9 5
+   2 3
─────────
```

MD02 받아올림이 있는 (세 자리 수) + (두 자리 수) (1)

● 덧셈을 하세요.

(1)
```
    1 1 6
  +   2 5
    1 4 1
```

(5)
```
    1 2 1
  +   4 9
```

(2)
```
    1 3 2
  +   3 9
    1 7 1
```

(6)
```
    1 6 7
  +   2 0
```

(3)
```
    1 4 5
  +   2 5
```

(7)
```
    1 7 4
  +   1 8
```

(4)
```
    1 5 6
  +   3 8
```

(8)
```
    1 4 3
  +   3 7
```

(9)
```
    1 2 3
+     9 2
    2 1 5
```

(13)
```
    1 3 2
+     6 4
```

(10)
```
    1 4 0
+     7 5
```

(14)
```
    1 6 5
+     4 2
```

(11)
```
    1 3 4
+     8 2
```

(15)
```
    1 8 6
+     7 3
```

(12)
```
    1 5 1
+     9 3
```

(16)
```
    1 9 7
+     3 1
```

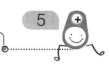

● 덧셈을 하세요.

(1)
```
    1  2  4
 +     5  9
─────────────
```

(5)
```
    1  0  8
 +     6  5
─────────────
```

(2)
```
    1  3  1
 +     4  9
─────────────
```

(6)
```
    1  5  7
 +     2  3
─────────────
```

(3)
```
    1  1  4
 +     3  5
─────────────
```

(7)
```
    1  7  2
 +     1  9
─────────────
```

(4)
```
    1  4  6
 +     2  6
─────────────
```

(8)
```
    1  6  5
 +     2  9
─────────────
```

(9)
```
    1 2 8
  +   3 1
  ───────
```

(13)
```
    1 7 5
  +   6 4
  ───────
```

(10)
```
    1 4 6
  +   7 2
  ───────
```

(14)
```
    1 8 3
  +   4 2
  ───────
```

(11)
```
    1 6 7
  +   8 2
  ───────
```

(15)
```
    1 5 1
  +   9 6
  ───────
```

(12)
```
    1 3 4
  +   8 3
  ───────
```

(16)
```
    1 9 2
  +   3 5
  ───────
```

MD02 받아올림이 있는 (세 자리 수)+(두 자리 수) (1)

● 덧셈을 하세요.

(1)
```
    2 2 4
+     3 8
─────────
```

(5)
```
    2 1 5
+     4 4
─────────
```

(2)
```
    2 4 6
+     2 5
─────────
```

(6)
```
    2 3 9
+     5 4
─────────
```

(3)
```
    2 5 8
+     2 3
─────────
```

(7)
```
    2 6 3
+     1 7
─────────
```

(4)
```
    2 7 2
+     1 9
─────────
```

(8)
```
    2 5 7
+     3 6
─────────
```

(9)
```
    2 7 1
  +   4 3
  ───────
```

(13)
```
    2 5 6
  +   7 1
  ───────
```

(10)
```
    2 2 2
  +   5 3
  ───────
```

(14)
```
    2 1 3
  +   8 5
  ───────
```

(11)
```
    2 6 0
  +   9 5
  ───────
```

(15)
```
    2 3 5
  +   9 4
  ───────
```

(12)
```
    2 9 1
  +   5 4
  ───────
```

(16)
```
    2 7 8
  +   4 1
  ───────
```

MD02 받아올림이 있는 (세 자리 수) + (두 자리 수) (1)

● 덧셈을 하세요.

(1)
```
  1 3 5
+   4 9
```

(5)
```
  1 7 5
+   7 3
```

(2)
```
  1 5 4
+   2 7
```

(6)
```
  1 9 6
+   3 2
```

(3)
```
  1 4 2
+   3 8
```

(7)
```
  1 6 8
+   7 1
```

(4)
```
  1 2 2
+   3 9
```

(8)
```
  1 8 7
+   4 2
```

(9)
```
    2 5 3
+     2 8
─────────
```

(13)
```
    2 1 7
+     9 2
─────────
```

(10)
```
    2 3 5
+     4 9
─────────
```

(14)
```
    2 8 1
+     2 1
─────────
```

(11)
```
    2 0 4
+     5 7
─────────
```

(15)
```
    2 9 0
+     4 6
─────────
```

(12)
```
    2 4 6
+     1 8
─────────
```

(16)
```
    2 7 2
+     9 4
─────────
```

MD02 받아올림이 있는 (세 자리 수)+(두 자리 수)(1)

● 덧셈을 하세요.

(1)
```
    2 5 2
+     2 9
─────────
```

(5)
```
    2 3 8
+     5 6
─────────
```

(2)
```
    2 4 1
+     1 9
─────────
```

(6)
```
    2 1 5
+     4 3
─────────
```

(3)
```
    2 2 3
+     3 8
─────────
```

(7)
```
    2 7 6
+     1 5
─────────
```

(4)
```
    2 6 4
+     1 9
─────────
```

(8)
```
    2 0 7
+     1 4
─────────
```

(9)
```
    2 4 7
+     6 2
─────────
```

(13)
```
    2 6 2
+     8 4
─────────
```

(10)
```
    2 5 6
+     7 3
─────────
```

(14)
```
    2 8 1
+     4 3
─────────
```

(11)
```
    2 1 5
+     9 2
─────────
```

(15)
```
    2 4 0
+     5 8
─────────
```

(12)
```
    2 3 4
+     7 1
─────────
```

(16)
```
    2 9 3
+     3 5
─────────
```

MD02 받아올림이 있는 (세 자리 수)+(두 자리 수) (1)

● 덧셈을 하세요.

(1)
```
    1 1 5
  +   3 2
  ───────
```

(5)
```
    2 6 7
  +   1 8
  ───────
```

(2)
```
    1 3 4
  +   4 9
  ───────
```

(6)
```
    2 4 9
  +   2 6
  ───────
```

(3)
```
    1 2 1
  +   2 9
  ───────
```

(7)
```
    2 5 2
  +   2 8
  ───────
```

(4)
```
    1 0 3
  +   5 8
  ───────
```

(8)
```
    2 7 7
  +   1 5
  ───────
```

(9)

```
    1  9  3
 +     5  4
```

(13)

```
    2  8  5
 +     9  3
```

(10)

```
    1  7  1
 +     8  2
```

(14)

```
    2  2  7
 +     8  1
```

(11)

```
    1  5  2
 +     6  2
```

(15)

```
    2  4  8
 +     7  0
```

(12)

```
    1  2  4
 +     7  1
```

(16)

```
    2  3  6
 +     8  2
```

MD02 받아올림이 있는 (세 자리 수)+(두 자리 수) (1)

● 덧셈을 하세요.

(1)
```
  1 0 5
+   2 5
───────
```

(5)
```
  1 2 6
+   5 4
───────
```

(2)
```
  1 4 0
+   1 7
───────
```

(6)
```
  1 5 7
+   3 5
───────
```

(3)
```
  2 6 1
+   2 9
───────
```

(7)
```
  2 3 8
+   3 6
───────
```

(4)
```
  2 7 4
+   1 9
───────
```

(8)
```
  2 1 2
+   5 9
───────
```

(9)
```
    1 7 3
  +   9 1
  ───────
```

(13)
```
    1 3 4
  +   5 2
  ───────
```

(10)
```
    1 9 2
  +   8 3
  ───────
```

(14)
```
    1 5 0
  +   7 8
  ───────
```

(11)
```
    2 6 3
  +   7 5
  ───────
```

(15)
```
    2 3 1
  +   8 6
  ───────
```

(12)
```
    2 8 5
  +   6 2
  ───────
```

(16)
```
    2 4 6
  +   9 2
  ───────
```

MD02 받아올림이 있는 (세 자리 수)+(두 자리 수) (1)

● 덧셈을 하세요.

(1)

	1	4	2
+		3	9

(5)

	1	6	7
+		8	1

(2)

	1	5	3
+		2	9

(6)

	1	7	6
+		4	3

(3)

	1	1	4
+		2	6

(7)

	1	9	1
+		7	4

(4)

	1	2	5
+		1	5

(8)

	1	8	4
+		5	2

(9)
```
    2 1 8
  +   5 6
  ───────
```

(13)
```
    2 5 4
  +   8 3
  ───────
```

(10)
```
    2 3 7
  +   2 4
  ───────
```

(14)
```
    2 6 3
  +   7 2
  ───────
```

(11)
```
    2 0 9
  +   3 5
  ───────
```

(15)
```
    2 9 2
  +   8 4
  ───────
```

(12)
```
    2 2 6
  +   4 6
  ───────
```

(16)
```
    2 8 5
  +   6 1
  ───────
```

MD02 받아올림이 있는 (세 자리 수)+(두 자리 수) (1)

● 덧셈을 하세요.

(1)
```
    3 3 6
  +   2 7
  ───────
```

(5)
```
    3 5 4
  +   2 8
  ───────
```

(2)
```
    3 7 8
  +   1 7
  ───────
```

(6)
```
    3 4 5
  +   3 1
  ───────
```

(3)
```
    3 6 9
  +   2 4
  ───────
```

(7)
```
    3 2 3
  +   1 9
  ───────
```

(4)
```
    3 0 7
  +   4 3
  ───────
```

(8)
```
    3 1 2
  +   4 8
  ───────
```

(9)
```
    3 4 7
+     8 1
─────────
```

(13)
```
    3 7 6
+     6 2
─────────
```

(10)
```
    3 8 1
+     5 2
─────────
```

(14)
```
    3 5 2
+     7 4
─────────
```

(11)
```
    3 9 0
+     4 7
─────────
```

(15)
```
    3 3 4
+     8 1
─────────
```

(12)
```
    3 6 5
+     9 3
─────────
```

(16)
```
    3 2 3
+     9 5
─────────
```

MD02 받아올림이 있는 (세 자리 수)+(두 자리 수) (1)

● 덧셈을 하세요.

(1)
```
    3 5 2
+     1 8
```

(5)
```
    3 4 8
+     2 3
```

(2)
```
    3 1 4
+     2 7
```

(6)
```
    3 0 9
+     4 5
```

(3)
```
    3 3 5
+     4 6
```

(7)
```
    3 2 3
+     1 9
```

(4)
```
    3 6 7
+     2 5
```

(8)
```
    3 7 6
+     1 5
```

(9)
```
    3 7 0
  +   5 6
  ───────
```

(13)
```
    3 6 7
  +   1 2
  ───────
```

(10)
```
    3 9 1
  +   7 2
  ───────
```

(14)
```
    3 3 4
  +   9 3
  ───────
```

(11)
```
    3 8 2
  +   4 3
  ───────
```

(15)
```
    3 2 5
  +   9 1
  ───────
```

(12)
```
    3 5 3
  +   8 6
  ───────
```

(16)
```
    3 4 6
  +   7 2
  ───────
```

MD02 받아올림이 있는 (세 자리 수)+(두 자리 수) (1)

● 덧셈을 하세요.

(1)
```
  4 2 3
+   2 8
───────
```

(5)
```
  4 7 5
+   1 7
───────
```

(2)
```
  4 3 6
+   1 4
───────
```

(6)
```
  4 6 7
+   2 6
───────
```

(3)
```
  4 1 8
+   2 5
───────
```

(7)
```
  4 4 2
+   3 8
───────
```

(4)
```
  4 0 9
+   4 7
───────
```

(8)
```
  4 5 4
+   1 9
───────
```

(9)
```
    4 8 5
+     4 1
─────────
```

(13)
```
    4 4 3
+     8 2
─────────
```

(10)
```
    4 9 4
+     3 3
─────────
```

(14)
```
    4 3 6
+     9 1
─────────
```

(11)
```
    4 3 2
+     5 4
─────────
```

(15)
```
    4 5 1
+     7 2
─────────
```

(12)
```
    4 6 7
+     7 1
─────────
```

(16)
```
    4 2 0
+     9 9
─────────
```

MD02 받아올림이 있는 (세 자리 수) + (두 자리 수) (1)

● 덧셈을 하세요.

(1)
```
    3 2 6
  +   4 7
  -------
```

(5)
```
    3 1 3
  +   9 4
  -------
```

(2)
```
    3 7 8
  +   1 8
  -------
```

(6)
```
    3 8 0
  +   5 7
  -------
```

(3)
```
    3 6 7
  +   2 5
  -------
```

(7)
```
    3 9 4
  +   4 5
  -------
```

(4)
```
    3 4 9
  +   3 2
  -------
```

(8)
```
    3 3 2
  +   9 7
  -------
```

(9)
```
    4 2 8
+     3 9
-------
```

(13)
```
    4 9 4
+     2 2
-------
```

(10)
```
    4 1 7
+     2 5
-------
```

(14)
```
    4 7 3
+     5 4
-------
```

(11)
```
    4 3 5
+     4 6
-------
```

(15)
```
    4 8 1
+     4 6
-------
```

(12)
```
    4 5 4
+     2 8
-------
```

(16)
```
    4 6 0
+     7 3
-------
```

MD02 받아올림이 있는 (세 자리 수) + (두 자리 수) (1)

● 덧셈을 하세요.

(1)
```
  4 0 8
+   6 5
───────
```

(5)
```
  4 7 4
+   1 7
───────
```

(2)
```
  4 2 6
+   3 7
───────
```

(6)
```
  4 1 3
+   3 9
───────
```

(3)
```
  4 3 5
+   1 8
───────
```

(7)
```
  4 6 5
+   1 4
───────
```

(4)
```
  4 4 9
+   2 5
───────
```

(8)
```
  4 5 2
+   2 9
───────
```

(9)
```
    4 8 0
  +   5 6
  -------
```

(13)
```
    4 5 7
  +   5 1
  -------
```

(10)
```
    4 7 2
  +   6 3
  -------
```

(14)
```
    4 4 3
  +   6 4
  -------
```

(11)
```
    4 6 1
  +   8 4
  -------
```

(15)
```
    4 3 5
  +   8 3
  -------
```

(12)
```
    4 9 6
  +   3 2
  -------
```

(16)
```
    4 2 4
  +   9 5
  -------
```

MD02 받아올림이 있는 (세 자리 수) + (두 자리 수) (1)

● 덧셈을 하세요.

(1)
```
    3 1 4
  +   5 7
  ───────
```

(5)
```
    4 7 7
  +   1 6
  ───────
```

(2)
```
    3 3 6
  +   2 9
  ───────
```

(6)
```
    4 2 5
  +   4 6
  ───────
```

(3)
```
    3 4 9
  +   2 4
  ───────
```

(7)
```
    4 0 1
  +   4 9
  ───────
```

(4)
```
    3 5 8
  +   3 7
  ───────
```

(8)
```
    4 6 3
  +   1 9
  ───────
```

(9)
```
    3 8 5
  +   4 2
  ───────
```

(13)
```
    4 3 7
  +   7 1
  ───────
```

(10)
```
    3 9 4
  +   5 3
  ───────
```

(14)
```
    4 4 6
  +   5 2
  ───────
```

(11)
```
    3 4 1
  +   7 8
  ───────
```

(15)
```
    4 6 2
  +   4 5
  ───────
```

(12)
```
    3 5 0
  +   8 9
  ───────
```

(16)
```
    4 2 3
  +   9 4
  ───────
```

MD02 받아올림이 있는 (세 자리 수)+(두 자리 수) (1)

● 덧셈을 하세요.

(1)
```
    3 4 3
  +   2 6
  ───────
```

(5)
```
    3 5 2
  +   2 9
  ───────
```

(2)
```
    3 3 6
  +   1 5
  ───────
```

(6)
```
    3 7 8
  +   1 5
  ───────
```

(3)
```
    4 6 7
  +   1 4
  ───────
```

(7)
```
    4 2 3
  +   5 8
  ───────
```

(4)
```
    4 0 5
  +   6 5
  ───────
```

(8)
```
    4 1 4
  +   4 7
  ───────
```

(9)
```
    3 5 2
 +    6 7
```

(13)
```
    3 6 3
 +    4 6
```

(10)
```
    3 7 1
 +    5 4
```

(14)
```
    3 3 0
 +    7 5
```

(11)
```
    4 9 1
 +    4 3
```

(15)
```
    4 4 6
 +    7 2
```

(12)
```
    4 8 5
 +    3 4
```

(16)
```
    4 2 7
 +    8 1
```

MD02 받아올림이 있는 (세 자리 수)+(두 자리 수) (1)

● 덧셈을 하세요.

(1)
```
  3 0 8
+   6 4
```

(5)
```
  3 9 4
+   2 5
```

(2)
```
  3 1 6
+   2 6
```

(6)
```
  3 4 6
+   6 3
```

(3)
```
  3 4 5
+   3 7
```

(7)
```
  3 6 2
+   5 6
```

(4)
```
  3 5 7
+   2 6
```

(8)
```
  3 8 3
+   5 4
```

(9)
```
    4 6 9
  +   2 5
```

(13)
```
    4 7 5
  +   3 2
```

(10)
```
    4 4 6
  +   4 7
```

(14)
```
    4 5 4
  +   7 3
```

(11)
```
    4 2 7
  +   3 5
```

(15)
```
    4 9 2
  +   6 5
```

(12)
```
    4 3 8
  +   1 2
```

(16)
```
    4 8 3
  +   4 6
```

MD02 받아올림이 있는 (세 자리 수)+(두 자리 수) (1)

● 덧셈을 하세요.

(1)
```
    1 2 9
+     4 3
─────────
```

(5)
```
    3 4 2
+     3 9
─────────
```

(2)
```
    1 3 6
+     2 7
─────────
```

(6)
```
    3 0 3
+     5 4
─────────
```

(3)
```
    2 1 8
+     3 2
─────────
```

(7)
```
    4 6 5
+     2 6
─────────
```

(4)
```
    2 7 4
+     1 7
─────────
```

(8)
```
    4 5 3
+     3 9
─────────
```

(9)

```
    1 7 2
  +   3 5
  ───────
```

(13)

```
    2 1 3
  +   9 4
  ───────
```

(10)

```
    2 5 1
  +   5 7
  ───────
```

(14)

```
    4 6 7
  +   6 2
  ───────
```

(11)

```
    1 9 4
  +   7 2
  ───────
```

(15)

```
    3 4 0
  +   8 1
  ───────
```

(12)

```
    3 8 5
  +   2 4
  ───────
```

(16)

```
    4 3 6
  +   9 2
  ───────
```

MD02 받아올림이 있는 (세 자리 수) + (두 자리 수) (1)

● 덧셈을 하세요.

(1)
```
    2 3 4
  +   2 7
```

(5)
```
    3 6 2
  +   2 9
```

(2)
```
    3 2 3
  +   5 8
```

(6)
```
    4 1 9
  +   4 5
```

(3)
```
    4 4 6
  +   3 5
```

(7)
```
    1 0 7
  +   5 7
```

(4)
```
    1 7 5
  +   1 7
```

(8)
```
    2 5 8
  +   3 4
```

(9)
```
    4 7 4
  +   2 2
  -------
```

(13)
```
    1 4 5
  +   9 3
  -------
```

(10)
```
    1 8 1
  +   5 4
  -------
```

(14)
```
    2 9 0
  +   2 1
  -------
```

(11)
```
    2 5 2
  +   8 5
  -------
```

(15)
```
    3 3 6
  +   7 3
  -------
```

(12)
```
    3 6 3
  +   6 4
  -------
```

(16)
```
    4 2 7
  +   8 1
  -------
```

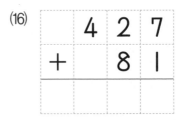

MD02 받아올림이 있는 (세 자리 수)+(두 자리 수) (1)

● 덧셈을 하세요.

(1)
```
    1 2 8
  +   5 4
  -------
```

(5)
```
    2 3 2
  +   2 8
  -------
```

(2)
```
    2 0 7
  +   6 5
  -------
```

(6)
```
    4 1 3
  +   3 4
  -------
```

(3)
```
    4 5 6
  +   3 5
  -------
```

(7)
```
    3 7 5
  +   1 6
  -------
```

(4)
```
    3 4 9
  +   1 4
  -------
```

(8)
```
    1 6 4
  +   2 7
  -------
```

(9)

```
    1 9 8
  +   4 1
```

(13)

```
    4 5 5
  +   8 2
```

(10)

```
    4 3 6
  +   9 2
```

(14)

```
    2 8 4
  +   5 3
```

(11)

```
    3 7 1
  +   3 6
```

(15)

```
    3 6 2
  +   6 4
```

(12)

```
    2 4 9
  +   7 0
```

(16)

```
    1 2 3
  +   8 5
```

받아올림이 있는
(세 자리 수)+(두 자리 수) (2)

요일	교재 번호	학습한 날짜		확인
1일차(월)	01~08	월	일	
2일차(화)	09~16	월	일	
3일차(수)	17~24	월	일	
4일차(목)	25~32	월	일	
5일차(금)	33~40	월	일	

MD03 받아올림이 있는 (세 자리 수)+(두 자리 수) (2)

● 덧셈을 하세요.

(1)
```
    2 1 6
  +   4 3
```

(5)
```
    3 4 2
  +   3 9
```

(2)
```
    1 3 6
  +   2 7
```

(6)
```
    3 0 7
  +   5 4
```

(3)
```
    2 1 8
  +   3 2
```

(7)
```
    4 6 5
  +   2 6
```

(4)
```
    2 7 4
  +   1 7
```

(8)
```
    4 5 3
  +   3 9
```

(9)
```
    1 7 2
  +   3 5
  ───────
```

(13)
```
    2 1 3
  +   9 4
  ───────
```

(10)
```
    2 5 1
  +   5 7
  ───────
```

(14)
```
    4 6 7
  +   6 2
  ───────
```

(11)
```
    1 9 4
  +   7 2
  ───────
```

(15)
```
    3 4 0
  +   8 1
  ───────
```

(12)
```
    3 8 5
  +   2 4
  ───────
```

(16)
```
    4 3 6
  +   9 2
  ───────
```

MD03 받아올림이 있는 (세 자리 수)+(두 자리 수) (2)

● 덧셈을 하세요.

(1)
```
    5 3 6
+     2 7
─────────
```

(5)
```
    5 5 4
+     2 8
─────────
```

(2)
```
    5 7 8
+     1 7
─────────
```

(6)
```
    5 4 5
+     3 7
─────────
```

(3)
```
    5 6 1
+     2 4
─────────
```

(7)
```
    5 2 3
+     1 9
─────────
```

(4)
```
    5 0 7
+     4 3
─────────
```

(8)
```
    5 1 2
+     4 8
─────────
```

(9)
```
    5 4 7
  +   8 1
  ───────
```

(13)
```
    5 7 5
  +   6 2
  ───────
```

(10)
```
    5 8 1
  +   5 2
  ───────
```

(14)
```
    5 5 2
  +   7 4
  ───────
```

(11)
```
    5 9 0
  +   4 7
  ───────
```

(15)
```
    5 3 4
  +   8 1
  ───────
```

(12)
```
    5 6 5
  +   9 3
  ───────
```

(16)
```
    5 2 3
  +   9 5
  ───────
```

● 덧셈을 하세요.

(1)
```
    6 5 2
+     1 8
─────────
```

(5)
```
    6 4 8
+     2 3
─────────
```

(2)
```
    6 1 4
+     2 7
─────────
```

(6)
```
    6 0 9
+     4 5
─────────
```

(3)
```
    6 3 5
+     4 6
─────────
```

(7)
```
    6 2 3
+     1 9
─────────
```

(4)
```
    6 6 7
+     2 5
─────────
```

(8)
```
    6 7 4
+     1 5
─────────
```

(9)
```
    6 7 0
+     5 6
```

(13)
```
    6 6 7
+     8 2
```

(10)
```
    6 9 1
+     7 2
```

(14)
```
    6 3 4
+     9 3
```

(11)
```
    6 8 2
+     4 3
```

(15)
```
    6 2 5
+     9 1
```

(12)
```
    6 5 3
+     8 6
```

(16)
```
    6 4 6
+     7 2
```

MD03 받아올림이 있는 (세 자리 수)+(두 자리 수) (2)

● 덧셈을 하세요.

(1)
```
    5 2 3
  +   2 8
  ───────
```

(5)
```
    6 7 5
  +   1 7
  ───────
```

(2)
```
    5 3 6
  +   1 4
  ───────
```

(6)
```
    6 6 7
  +   2 6
  ───────
```

(3)
```
    5 1 8
  +   2 5
  ───────
```

(7)
```
    6 4 2
  +   3 8
  ───────
```

(4)
```
    5 0 9
  +   4 7
  ───────
```

(8)
```
    6 5 4
  +   1 9
  ───────
```

(9)
```
    5 8 5
+     4 1
```

(13)
```
    6 4 3
+     8 2
```

(10)
```
    5 9 4
+     3 3
```

(14)
```
    6 3 6
+     9 1
```

(11)
```
    5 0 2
+     5 4
```

(15)
```
    6 5 1
+     7 2
```

(12)
```
    5 6 7
+     7 1
```

(16)
```
    6 2 0
+     9 9
```

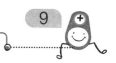

MD03 받아올림이 있는 (세 자리 수)+(두 자리 수) (2)

● 덧셈을 하세요.

(1)
```
    5 2 6
+     4 7
```

(5)
```
    5 1 3
+     9 4
```

(2)
```
    5 7 8
+     1 8
```

(6)
```
    5 8 0
+     5 7
```

(3)
```
    5 6 7
+     2 5
```

(7)
```
    5 9 4
+     4 5
```

(4)
```
    5 4 9
+     3 2
```

(8)
```
    5 3 2
+     9 7
```

(9)

```
    6  2  8
+      3  9
─────────────
```

(13)

```
    6  7  4
+      2  2
─────────────
```

(10)

```
    6  1  7
+      2  5
─────────────
```

(14)

```
    6  7  3
+      5  4
─────────────
```

(11)

```
    6  3  9
+      4  6
─────────────
```

(15)

```
    6  8  1
+      4  6
─────────────
```

(12)

```
    6  5  4
+      2  8
─────────────
```

(16)

```
    6  6  0
+      7  3
─────────────
```

MD03 받아올림이 있는 (세 자리 수)+(두 자리 수) (2)

● 덧셈을 하세요.

(1)
```
    7 0 8
 +    6 5
 ─────────
```

(5)
```
    7 7 5
 +    1 7
 ─────────
```

(2)
```
    7 2 6
 +    3 7
 ─────────
```

(6)
```
    7 1 3
 +    3 5
 ─────────
```

(3)
```
    7 3 2
 +    1 8
 ─────────
```

(7)
```
    7 6 7
 +    1 4
 ─────────
```

(4)
```
    7 4 9
 +    2 5
 ─────────
```

(8)
```
    7 5 2
 +    2 9
 ─────────
```

(9)

```
    7  8  0
+      5  6
```

(13)

```
    7  5  7
+      5  1
```

(10)

```
    7  7  2
+      6  3
```

(14)

```
    7  4  3
+      6  4
```

(11)

```
    7  6  1
+      8  4
```

(15)

```
    7  3  5
+      8  3
```

(12)

```
    7  9  6
+      3  2
```

(16)

```
    7  2  4
+      9  5
```

MD03 받아올림이 있는 (세 자리 수)+(두 자리 수) (2)

● 덧셈을 하세요.

(1)
```
    8 1 4
+     5 7
─────────
```

(5)
```
    8 7 7
+     1 6
─────────
```

(2)
```
    8 3 6
+     2 9
─────────
```

(6)
```
    8 2 5
+     4 6
─────────
```

(3)
```
    8 4 9
+     2 4
─────────
```

(7)
```
    8 0 1
+     4 9
─────────
```

(4)
```
    8 5 2
+     3 7
─────────
```

(8)
```
    8 6 3
+     1 9
─────────
```

(9)
```
    8 8 5
+     4 2
─────────
```

(13)
```
    8 3 7
+     7 1
─────────
```

(10)
```
    8 9 4
+     5 3
─────────
```

(14)
```
    8 7 6
+     5 2
─────────
```

(11)
```
    8 4 1
+     7 8
─────────
```

(15)
```
    8 6 2
+     4 5
─────────
```

(12)
```
    8 5 0
+     8 9
─────────
```

(16)
```
    8 2 3
+     9 4
─────────
```

MD03 받아올림이 있는 (세 자리 수)+(두 자리 수) (2)

● 덧셈을 하세요.

(1)
$$\begin{array}{r} 7\ 4\ 9 \\ +\quad 2\ 6 \\ \hline \end{array}$$

(5)
$$\begin{array}{r} 8\ 5\ 2 \\ +\quad 2\ 9 \\ \hline \end{array}$$

(2)
$$\begin{array}{r} 7\ 3\ 6 \\ +\quad 1\ 5 \\ \hline \end{array}$$

(6)
$$\begin{array}{r} 9\ 7\ 8 \\ +\quad 1\ 5 \\ \hline \end{array}$$

(3)
$$\begin{array}{r} 8\ 6\ 7 \\ +\quad 1\ 4 \\ \hline \end{array}$$

(7)
$$\begin{array}{r} 9\ 2\ 3 \\ +\quad 5\ 8 \\ \hline \end{array}$$

(4)
$$\begin{array}{r} 8\ 0\ 5 \\ +\quad 6\ 5 \\ \hline \end{array}$$

(8)
$$\begin{array}{r} 9\ 1\ 4 \\ +\quad 4\ 7 \\ \hline \end{array}$$

(9)
```
    7 5 2
+     6 7
─────────

```

(13)
```
    7 6 3
+     4 6
─────────

```

(10)
```
    8 7 1
+     5 4
─────────

```

(14)
```
    8 3 0
+     7 5
─────────

```

(11)
```
    7 9 1
+     4 3
─────────

```

(15)
```
    8 4 6
+     7 2
─────────

```

(12)
```
    7 8 5
+     3 4
─────────

```

(16)
```
    8 2 7
+     8 1
─────────

```

MD03 받아올림이 있는 (세 자리 수) + (두 자리 수) (2)

● 덧셈을 하세요.

(1)

```
  1 0 6
+   2 6
───────
```

(5)

```
  3 1 8
+   4 5
───────
```

(2)

```
  1 4 3
+   1 7
───────
```

(6)

```
  3 2 2
+   5 6
───────
```

(3)

```
  2 5 4
+   2 7
───────
```

(7)

```
  4 3 7
+   2 9
───────
```

(4)

```
  2 6 5
+   1 6
───────
```

(8)

```
  4 7 9
+   1 4
───────
```

(9)
```
    1 4 2
+     6 3
─────────
```

(13)
```
    7 9 7
+     8 1
─────────
```

(10)
```
    2 5 3
+     5 4
─────────
```

(14)
```
    6 6 9
+     7 0
─────────
```

(11)
```
    4 7 1
+     6 5
─────────
```

(15)
```
    8 8 4
+     6 1
─────────
```

(12)
```
    3 9 6
+     7 2
─────────
```

(16)
```
    8 7 5
+     9 4
─────────
```

MD03 받아올림이 있는 (세 자리 수)+(두 자리 수) (2)

● 덧셈을 하세요.

(1)
```
    1 2 4
+     3 9
```

(5)
```
    3 7 9
+     1 4
```

(2)
```
    1 4 5
+     2 8
```

(6)
```
    3 1 6
+     4 6
```

(3)
```
    2 0 2
+     5 8
```

(7)
```
    4 6 3
+     2 9
```

(4)
```
    2 5 7
+     1 6
```

(8)
```
    4 3 8
+     5 4
```

(9)
```
    2 8 1
  +   6 5
  -------
```

(13)
```
    7 2 7
  +   9 0
  -------
```

(10)
```
    1 3 2
  +   7 6
  -------
```

(14)
```
    6 3 5
  +   6 4
  -------
```

(11)
```
    3 4 0
  +   8 4
  -------
```

(15)
```
    5 5 3
  +   7 2
  -------
```

(12)
```
    4 7 6
  +   8 2
  -------
```

(16)
```
    8 6 4
  +   8 3
  -------
```

MD03 받아올림이 있는 (세 자리 수)+(두 자리 수) (2)

● 덧셈을 하세요.

(1)
```
    1 3 5
  +   2 8
  ───────
```

(5)
```
    2 6 8
  +   2 5
  ───────
```

(2)
```
    1 2 4
  +   5 7
  ───────
```

(6)
```
    2 0 9
  +   6 7
  ───────
```

(3)
```
    1 1 6
  +   4 9
  ───────
```

(7)
```
    3 7 3
  +   1 8
  ───────
```

(4)
```
    2 4 2
  +   3 8
  ───────
```

(8)
```
    3 5 7
  +   3 6
  ───────
```

(9)
```
  3 4 3
+   5 4
———————
```

(13)
```
  5 3 4
+   8 2
———————
```

(10)
```
  4 4 1
+   6 7
———————
```

(14)
```
  6 2 6
+   9 2
———————
```

(11)
```
  4 5 2
+   7 3
———————
```

(15)
```
  7 6 5
+   8 3
———————
```

(12)
```
  4 8 7
+   8 0
———————
```

(16)
```
  8 7 0
+   5 1
———————
```

MD03 받아올림이 있는 (세 자리 수)+(두 자리 수) (2)

● 덧셈을 하세요.

(1)
```
    1 6 4
  +   2 9
```

(5)
```
    1 7 3
  +   1 8
```

(2)
```
    1 5 2
  +   1 9
```

(6)
```
    3 1 8
  +   5 4
```

(3)
```
    2 2 1
  +   3 9
```

(7)
```
    2 3 9
  +   4 5
```

(4)
```
    2 0 5
  +   4 6
```

(8)
```
    3 4 7
  +   2 7
```

(9)
```
    4 8 9
+     6 0
─────────
```

(13)
```
    6 7 5
+     7 1
─────────
```

(10)
```
    3 5 0
+     8 4
─────────
```

(14)
```
    8 6 0
+     8 3
─────────
```

(11)
```
    4 4 3
+     7 4
─────────
```

(15)
```
    5 3 1
+     9 2
─────────
```

(12)
```
    4 9 6
+     5 1
─────────
```

(16)
```
    7 1 2
+     9 3
─────────
```

MD03 받아올림이 있는 (세 자리 수)+(두 자리 수) (2)

● 덧셈을 하세요.

(1)
	1	5	2
+		1	9

(5)
	3	1	0
+		6	8

(2)
	1	2	4
+		3	7

(6)
	3	6	4
+		6	5

(3)
	2	3	5
+		4	8

(7)
	4	3	6
+		8	2

(4)
	2	1	8
+		7	2

(8)
	4	9	7
+		3	1

(9)
```
    5 4 3
+     4 7
─────────
```

(13)
```
    7 1 8
+     9 1
─────────
```

(10)
```
    5 2 2
+     3 9
─────────
```

(14)
```
    6 8 6
+     5 3
─────────
```

(11)
```
    6 6 4
+     1 8
─────────
```

(15)
```
    8 6 7
+     5 0
─────────
```

(12)
```
    9 5 5
+     2 6
─────────
```

(16)
```
    8 9 3
+     8 2
─────────
```

MD03 받아올림이 있는 (세 자리 수)+(두 자리 수) (2)

● 덧셈을 하세요.

(1)
```
    1 7 3
+     1 8
─────────
```

(5)
```
    5 4 7
+     2 5
─────────
```

(2)
```
    2 5 5
+     1 9
─────────
```

(6)
```
    6 4 6
+     1 7
─────────
```

(3)
```
    4 1 7
+     2 3
─────────
```

(7)
```
      4 3
+   7 2 9
─────────
    7 7 2
```

(4)
```
    2 3 4
+     3 8
─────────
```

(8)
```
      2 5
+   9 0 8
─────────
```

(9)
```
    4 2 7
+     9 2
─────────
```

(13)
```
    6 7 2
+     4 2
─────────
```

(10)
```
    3 5 1
+     7 3
─────────
```

(14)
```
    2 0 4
+     5 3
─────────
```

(11)
```
    8 3 0
+     9 7
─────────
```

(15)
```
      3 1
+   7 9 3
─────────
```

(12)
```
    5 4 6
+     8 1
─────────
```

(16)
```
      8 3
+   1 6 5
─────────
```

MD03 받아올림이 있는 (세 자리 수)+(두 자리 수) (2)

● 덧셈을 하세요.

(1)
```
    3 0 3
  +   2 7
  -------
```

(5)
```
    9 6 8
  +   2 8
  -------
```

(2)
```
    2 1 6
  +   4 8
  -------
```

(6)
```
    4 7 3
  +   1 6
  -------
```

(3)
```
    6 2 4
  +   3 7
  -------
```

(7)
```
      2 5
  + 1 5 7
  -------
```

(4)
```
    7 4 7
  +   2 5
  -------
```

(8)
```
      5 6
  + 5 3 8
  -------
```

(9)
```
    2 3 1
+     7 5
```

(13)
```
    8 4 6
+     8 3
```

(10)
```
    1 2 3
+     9 1
```

(14)
```
    5 6 8
+     9 0
```

(11)
```
    7 9 2
+     1 4
```

(15)
```
      8 2
+   3 7 5
```

(12)
```
    6 5 7
+     7 2
```

(16)
```
      8 1
+   4 8 4
```

MD03 받아올림이 있는 (세 자리 수)+(두 자리 수) (2)

● 덧셈을 하세요.

(1)
```
    1 3 3
  +   5 9
```

(5)
```
    3 5 9
  +   3 7
```

(2)
```
    4 6 4
  +   1 7
```

(6)
```
    9 2 6
  +   4 5
```

(3)
```
    2 0 7
  +   4 6
```

(7)
```
      3 6
  + 6 1 5
```

(4)
```
    8 7 9
  +   1 9
```

(8)
```
      2 8
  + 7 4 6
```

(9)
```
    4 5 2
  +   8 4
  ───────
```

(13)
```
    6 3 7
  +   7 2
  ───────
```

(10)
```
    2 4 5
  +   6 2
  ───────
```

(14)
```
    7 8 6
  +   6 1
  ───────
```

(11)
```
    1 6 3
  +   7 5
  ───────
```

(15)
```
      8 3
  + 5 8 4
  ───────
```

(12)
```
    8 9 1
  +   5 4
  ───────
```

(16)
```
      9 0
  + 3 7 9
  ───────
```

MD03 받아올림이 있는 (세 자리 수) + (두 자리 수) (2)

● 덧셈을 하세요.

(1)
```
    2 0 4
  +   4 7
```

(5)
```
    6 7 9
  +   1 1
```

(2)
```
    1 2 5
  +   6 5
```

(6)
```
    3 5 7
  +   2 9
```

(3)
```
    4 1 6
  +   7 8
```

(7)
```
      1 2
  + 7 4 9
```

(4)
```
    5 6 8
  +   2 5
```

(8)
```
      4 3
  + 9 3 8
```

(9)

```
    3 4 5
+     7 3
─────────
```

(13)

```
    7 8 6
+     2 1
─────────
```

(10)

```
    5 1 2
+     8 4
─────────
```

(14)

```
    4 9 3
+     4 3
─────────
```

(11)

```
    2 5 1
+     9 6
─────────
```

(15)

```
      6 0
+   6 7 9
─────────
```

(12)

```
    1 3 4
+     7 5
─────────
```

(16)

```
      4 1
+   8 7 8
─────────
```

MD03 받아올림이 있는 (세 자리 수)+(두 자리 수) (2)

● 덧셈을 하세요.

(1)
```
    1 5 4
+     2 8
─────────
```

(5)
```
    2 7 5
+     1 2
─────────
```

(2)
```
    3 4 5
+     3 8
─────────
```

(6)
```
    6 3 7
+     2 6
─────────
```

(3)
```
    4 1 9
+     2 5
─────────
```

(7)
```
      5 4
+   5 2 6
─────────
```

(4)
```
    7 0 8
+     3 4
─────────
```

(8)
```
      2 8
+   8 6 9
─────────
```

(9)
```
    2 4 5
  +   9 2
  ─────────
```

(13)
```
    4 2 3
  +   8 5
  ─────────
```

(10)
```
    1 3 4
  +   8 3
  ─────────
```

(14)
```
    5 9 1
  +   6 4
  ─────────
```

(11)
```
    6 1 2
  +   9 3
  ─────────
```

(15)
```
      3 2
  + 8 7 6
  ─────────
```

(12)
```
    3 5 0
  +   6 5
  ─────────
```

(16)
```
      7 1
  + 7 6 7
  ─────────
```

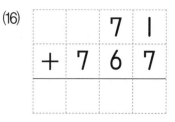

MD03 받아올림이 있는 (세 자리 수)+(두 자리 수) (2)

● |보기|와 같이 틀린 답을 바르게 고치세요.

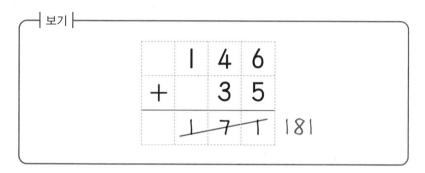

┤ 보기 ├

$$
\begin{array}{r}
1\ 4\ 6 \\
+\ \ \ 3\ 5 \\
\hline
\cancel{1\ 7\ 1}\ \ 181
\end{array}
$$

(1)
$$
\begin{array}{r}
2\ 4\ 5 \\
+\ \ \ 3\ 7 \\
\hline
2\ 7\ 2
\end{array}
$$

(3)
$$
\begin{array}{r}
5\ 3\ 8 \\
+\ \ \ 2\ 4 \\
\hline
5\ 5\ 2
\end{array}
$$

(2)
$$
\begin{array}{r}
3\ 1\ 6 \\
+\ \ \ 2\ 6 \\
\hline
3\ 3\ 2
\end{array}
$$

(4)
$$
\begin{array}{r}
7\ 6\ 4 \\
+\ \ \ 2\ 8 \\
\hline
7\ 8\ 2
\end{array}
$$

 Talk 일의 자리 수끼리의 합에서 생긴 받아올림을 계산하지 않은 경우입니다.

(5)
```
    2 0 4
+     5 8
    2 5 2
```

(9)
```
    5 4 9
+     3 7
    5 7 6
```

(6)
```
    1 3 8
+     4 8
    1 7 6
```

(10)
```
    4 1 6
+     4 7
    4 5 3
```

(7)
```
    3 5 5
+     1 6
    3 6 1
```

(11)
```
    9 2 7
+     5 8
    9 7 5
```

(8)
```
    6 7 9
+     1 5
    6 8 4
```

(12)
```
    8 6 7
+     2 4
    8 8 1
```

MD03 받아올림이 있는 (세 자리 수) + (두 자리 수) (2)

● |보기|와 같이 틀린 답을 바르게 고치세요.

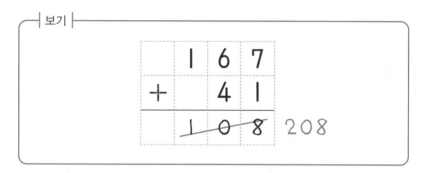

```
    1 6 7
+     4 1
─────────
  1̶ 0̶ 8̶   208
```

(1)
```
    2 4 2
+     9 5
─────────
    2 3 7
```

(3)
```
    4 5 3
+     7 5
─────────
    4 2 8
```

(2)
```
    5 2 1
+     8 4
─────────
    5 0 5
```

(4)
```
    7 3 5
+     9 3
─────────
    7 2 8
```

 Talk 십의 자리 수끼리의 합에서 생긴 받아올림을 계산하지 않은 경우입니다.

(5)
```
    3 2 3
+     9 4
    3 1 7
```

(9)
```
    8 9 7
+     4 0
    8 3 7
```

(6)
```
    1 6 4
+     5 2
    1 1 6
```

(10)
```
    5 7 6
+     6 2
    5 3 8
```

(7)
```
    4 3 2
+     9 5
    4 2 7
```

(11)
```
    2 4 5
+     7 4
    2 1 9
```

(8)
```
    6 8 1
+     7 4
    6 5 5
```

(12)
```
    7 5 8
+     9 1
    7 4 9
```

받아올림이 있는
(세 자리 수)+(두 자리 수) (3)

4주차

요일	교재 번호	학습한 날짜	확인
1일차(월)	01~08	월 일	
2일차(화)	09~16	월 일	
3일차(수)	17~24	월 일	
4일차(목)	25~32	월 일	
5일차(금)	33~40	월 일	

● 덧셈을 하세요.

(1)
```
  1 3 0
+     2
───────
```

(5)
```
  1 2 4
+   3 6
───────
```

(2)
```
  1 0 3
+     7
───────
```

(6)
```
  1 0 7
+   4 5
───────
```

(3)
```
  1 1 8
+     2
───────
```

(7)
```
  1 2 5
+   6 6
───────
```

(4)
```
  1 4 1
+   2 9
───────
```

(8)
```
  1 3 5
+   3 9
───────
```

(9)
```
    1 7 0
 +     3
 ───────
```

(13)
```
    1 1 3
 +   9 4
 ───────
```

(10)
```
    1 9 1
 +     5
 ───────
```

(14)
```
    1 8 2
 +   6 2
 ───────
```

(11)
```
    1 9 0
 +   7 2
 ───────
```

(15)
```
    1 4 0
 +   8 1
 ───────
```

(12)
```
    1 4 1
 +   9 2
 ───────
```

(16)
```
    1 6 3
 +   6 3
 ───────
```

MD04 받아올림이 있는 (세 자리 수)+(두 자리 수) (3)

● 덧셈을 하세요.

(1)
```
    1  9  9
 +        1
 ─────────────
    2  0  0
```

(5)
```
    1  7  1
 +     2  9
 ─────────────
    2  0  0
```

(2)
```
    1  9  7
 +        3
 ─────────────
```

(6)
```
    1  8  3
 +     2  9
 ─────────────
```

(3)
```
    1  9  6
 +        6
 ─────────────
```

(7)
```
    1  6  6
 +     3  4
 ─────────────
```

(4)
```
    1  9  5
 +        8
 ─────────────
```

(8)
```
    1  8  7
 +     4  3
 ─────────────
```

(9)
```
    1 4 7
+     6 3
─────────
```

(13)
```
    1 7 9
+     6 2
─────────
```

(10)
```
    1 8 1
+     5 8
─────────
```

(14)
```
    1 5 8
+     7 4
─────────
```

(11)
```
    1 9 4
+     1 7
─────────
```

(15)
```
    1 3 9
+     8 1
─────────
```

(12)
```
    1 6 5
+     7 5
─────────
```

(16)
```
    1 2 7
+     9 5
─────────
```

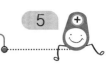

MD04 받아올림이 있는 (세 자리 수)+(두 자리 수) (3)

● 덧셈을 하세요.

(1)
```
□ □
  2 9 8
+     2
───────
```

(5)
```
□ □
  2 5 2
+   4 8
───────
```

(2)
```
  2 9 6
+     4
───────
```

(6)
```
  2 1 4
+   8 7
───────
```

(3)
```
  2 9 4
+     7
───────
```

(7)
```
  2 5 5
+   4 6
───────
```

(4)
```
  2 9 3
+     9
───────
```

(8)
```
  2 6 7
+   3 5
───────
```

(9)
```
    2 7 0
+     5 6
─────────
```

(13)
```
    2 6 9
+     3 2
─────────
```

(10)
```
    2 9 8
+     7 2
─────────
```

(14)
```
    2 3 4
+     9 7
─────────
```

(11)
```
    2 8 7
+     4 3
─────────
```

(15)
```
    2 2 5
+     9 8
─────────
```

(12)
```
    2 5 5
+     5 6
─────────
```

(16)
```
    2 4 6
+     7 9
─────────
```

MD04 받아올림이 있는 (세 자리 수)+(두 자리 수) (3)

● 덧셈을 하세요.

(1)
```
    □ □
    3 9 5
  +     5
─────────
```

(5)
```
    □ □
    3 9 3
  +   2 8
─────────
```

(2)
```
    3 9 1
  +     9
─────────
```

(6)
```
    3 3 6
  +   6 4
─────────
```

(3)
```
    3 9 7
  +     7
─────────
```

(7)
```
    3 9 8
  +   2 5
─────────
```

(4)
```
    3 9 5
  +     8
─────────
```

(8)
```
    3 5 9
  +   4 7
─────────
```

(9)
```
    3 8 5
  +   4 1
```

(13)
```
    3 4 3
  +   8 9
```

(10)
```
    3 6 4
  +   3 6
```

(14)
```
    3 9 6
  +   9 5
```

(11)
```
    3 7 8
  +   5 4
```

(15)
```
    3 5 8
  +   7 2
```

(12)
```
    3 6 7
  +   7 5
```

(16)
```
    3 2 1
  +   9 9
```

MD04 받아올림이 있는 (세 자리 수)+(두 자리 수) (3)

● 덧셈을 하세요.

(1)
```
    1 2 6
  +   4 7
```

(5)
```
    2 1 7
  +   9 4
```

(2)
```
    1 7 8
  +   3 8
```

(6)
```
    2 8 5
  +   5 7
```

(3)
```
    1 6 7
  +   5 5
```

(7)
```
    2 9 9
  +   4 5
```

(4)
```
    1 4 9
  +   6 2
```

(8)
```
    2 3 3
  +   9 7
```

(9)
```
    3 7 8
+     3 9
```

(13)
```
    1 9 4
+     2 2
```

(10)
```
    3 7 7
+     2 5
```

(14)
```
    2 7 3
+     5 8
```

(11)
```
    3 6 5
+     4 6
```

(15)
```
    1 8 4
+     4 6
```

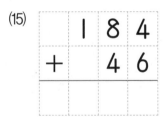

(12)
```
    3 9 4
+     2 8
```

(16)
```
    3 6 9
+     7 3
```

● 덧셈을 하세요.

(1)
```
   4 0 8
 +   6 5
```

(5)
```
   4 7 4
 +   5 7
```

(2)
```
   4 2 6
 +   8 7
```

(6)
```
   4 6 3
 +   3 9
```

(3)
```
   4 3 5
 +   9 8
```

(7)
```
   4 6 7
 +   6 4
```

(4)
```
   4 7 9
 +   2 5
```

(8)
```
   4 5 2
 +   5 9
```

(9)
```
    4  8  0
 +     5  6
 ─────────
```

(13)
```
    4  5  7
 +     5  4
 ─────────
```

(10)
```
    4  7  8
 +     6  3
 ─────────
```

(14)
```
    4  4  9
 +     6  4
 ─────────
```

(11)
```
    4  6  9
 +     8  4
 ─────────
```

(15)
```
    4  3  5
 +     8  5
 ─────────
```

(12)
```
    4  9  6
 +     3  5
 ─────────
```

(16)
```
    4  2  8
 +     9  5
 ─────────
```

MD04 받아올림이 있는 (세 자리 수)+(두 자리 수) (3)

● 덧셈을 하세요.

(1)
```
    5 1 4
  +   5 7
```

(5)
```
    5 7 7
  +   7 6
```

(2)
```
    5 7 6
  +   2 9
```

(6)
```
    5 8 5
  +   4 6
```

(3)
```
    5 4 9
  +   6 4
```

(7)
```
    5 5 1
  +   4 9
```

(4)
```
    5 5 8
  +   5 8
```

(8)
```
    5 6 3
  +   9 9
```

(9)
```
    5 8 5
+     4 2
─────────
```

(13)
```
    5 3 7
+     7 4
─────────
```

(10)
```
    5 4 4
+     5 7
─────────
```

(14)
```
    5 7 6
+     5 5
─────────
```

(11)
```
    5 2 2
+     7 8
─────────
```

(15)
```
    5 6 6
+     4 5
─────────
```

(12)
```
    5 2 3
+     8 9
─────────
```

(16)
```
    5 2 9
+     9 4
─────────
```

MD04 받아올림이 있는 (세 자리 수)+(두 자리 수) (3)

● 덧셈을 하세요.

(1)
```
    1 4 9
  +   5 6
  ───────
```

(5)
```
    1 5 2
  +   5 9
  ───────
```

(2)
```
    1 3 6
  +   6 5
  ───────
```

(6)
```
    2 7 8
  +   6 5
  ───────
```

(3)
```
    2 6 7
  +   4 3
  ───────
```

(7)
```
    4 8 3
  +   5 8
  ───────
```

(4)
```
    3 5 5
  +   6 5
  ───────
```

(8)
```
    3 9 4
  +   4 7
  ───────
```

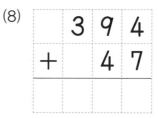

(9)
```
    2 5 3
+     6 7
─────────
```

(13)
```
    2 6 3
+     4 6
─────────
```

(10)
```
    1 7 6
+     5 4
─────────
```

(14)
```
    4 3 5
+     7 5
─────────
```

(11)
```
    4 9 8
+     4 3
─────────
```

(15)
```
    5 4 6
+     7 6
─────────
```

(12)
```
    3 8 5
+     3 9
─────────
```

(16)
```
    5 2 7
+     8 7
─────────
```

MD04 받아올림이 있는 (세 자리 수)+(두 자리 수) (3)

● 덧셈을 하세요.

(1)
```
    1 0 6
  +   2 6
```

(5)
```
    3 6 8
  +   4 5
```

(2)
```
    3 4 3
  +   5 7
```

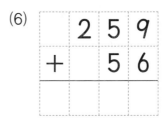

(6)
```
    2 5 9
  +   5 6
```

(3)
```
    2 5 4
  +   8 7
```

(7)
```
    1 9 7
  +   2 9
```

(4)
```
    4 6 5
  +   9 6
```

(8)
```
    5 7 9
  +   8 4
```

(9)
```
    2 4 8
+     6 3
---------
```

(13)
```
    2 9 7
+     8 3
---------
```

(10)
```
    1 5 4
+     5 9
---------
```

(14)
```
    4 6 9
+     7 1
---------
```

(11)
```
    4 7 7
+     6 5
---------
```

(15)
```
    5 8 4
+     6 8
---------
```

(12)
```
    3 9 4
+     7 6
---------
```

(16)
```
    1 7 5
+     9 7
---------
```

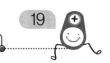

MD04 받아올림이 있는 (세 자리 수)+(두 자리 수) (3)

● 덧셈을 하세요.

(1)
```
    6 2 1
  +   7 9
  ───────
```

(5)
```
    6 7 9
  +   3 4
  ───────
```

(2)
```
    6 4 5
  +   5 8
  ───────
```

(6)
```
    6 8 6
  +   4 6
  ───────
```

(3)
```
    6 5 2
  +   5 2
  ───────
```

(7)
```
    6 6 3
  +   9 9
  ───────
```

(4)
```
    6 9 7
  +   2 6
  ───────
```

(8)
```
    6 3 8
  +   7 4
  ───────
```

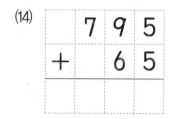

(9)
```
    7 8 1
+     6 5
─────────
```

(13)
```
    7 2 7
+     9 3
─────────
```

(10)
```
    7 3 8
+     7 6
─────────
```

(14)
```
    7 9 5
+     6 5
─────────
```

(11)
```
    7 4 9
+     8 4
─────────
```

(15)
```
    7 5 8
+     7 2
─────────
```

(12)
```
    7 7 6
+     8 4
─────────
```

(16)
```
    7 6 9
+     8 9
─────────
```

MD04 받아올림이 있는 (세 자리 수) + (두 자리 수) (3)

● 덧셈을 하세요.

(1)
```
    8 7 5
+     2 8
─────────
```

(5)
```
    8 6 8
+     4 5
─────────
```

(2)
```
    8 2 4
+     8 7
─────────
```

(6)
```
    8 6 9
+     6 7
─────────
```

(3)
```
    8 1 6
+     6 9
─────────
```

(7)
```
    8 7 3
+     7 8
─────────
```

(4)
```
    8 9 2
+     3 8
─────────
```

(8)
```
    8 5 7
+     5 6
─────────
```

(9)

```
    9 0 3
  +   5 8
```

(13)

```
    9 3 4
  +   4 9
```

(10)

```
    9 1 3
  +   6 7
```

(14)

```
    9 2 6
  +   3 9
```

(11)

```
    9 0 2
  +   7 9
```

(15)

```
    9 6 5
  +   1 9
```

(12)

```
    9 2 7
  +   2 9
```

(16)

```
    9 7 9
  +   1 9
```

MD04 받아올림이 있는 (세 자리 수) + (두 자리 수) (3)

● 덧셈을 하세요.

(1)
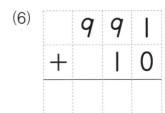

□	□	
9	8	0
+	2	0
1 0	0	0

(5)

	9	5	0
+		7	0

(2)

	9	6	0
+		4	0

(6)

	9	9	1
+		1	0

(3)

	9	5	0
+		5	0

(7)

	9	1	6
+		9	0

(4)

	9	3	0
+		8	0

(8)

	9	4	2
+		6	1

(9)
```
    9 1 0
  +   9 0
  -------
```

(13)
```
    9 6 0
  +   8 0
  -------
```

(10)
```
    9 0 0
  +   9 0
  -------
```

(14)
```
    9 9 0
  +   9 0
  -------
```

(11)
```
    9 2 0
  +   9 0
  -------
```

(15)
```
    9 5 3
  +   6 0
  -------
```

(12)
```
    9 7 0
  +   6 0
  -------
```

(16)
```
    9 4 8
  +   9 1
  -------
```

MD04 받아올림이 있는 (세 자리 수)+(두 자리 수) (3)

● 덧셈을 하세요.

(1)
```
    5 5 2
  +   1 9
```

(5)
```
    3 7 7
  +   9 8
```

(2)
```
    1 2 4
  +   8 7
```

(6)
```
    2 6 9
  +   8 5
```

(3)
```
    6 3 5
  +   9 8
```

(7)
```
    1 3 9
  +   8 2
```

(4)
```
    2 1 8
  +   8 2
```

(8)
```
    4 9 9
  +   3 1
```

(9)
```
    3 4 3
+     4 7
─────────
```

(13)
```
    4 1 8
+     8 9
─────────
```

(10)
```
    5 4 2
+     7 9
─────────
```

(14)
```
    6 7 6
+     5 9
─────────
```

(11)
```
    4 2 4
+     7 8
─────────
```

(15)
```
    5 6 7
+     5 9
─────────
```

(12)
```
    2 5 5
+     8 6
─────────
```

(16)
```
    3 9 3
+     8 7
─────────
```

MD04 받아올림이 있는 (세 자리 수)+(두 자리 수) (3)

● 덧셈을 하세요.

(1)
```
   3 7 3
 +   5 8
```

(5)
```
   5 4 7
 +   9 5
```

(2)
```
   2 5 5
 +   6 9
```

(6)
```
   6 4 6
 +   8 7
```

(3)
```
   4 1 7
 +   7 3
```

(7)
```
     7 3
 + 1 2 9
```

(4)
```
   3 3 4
 +   8 8
```

(8)
```
     2 5
 + 6 9 8
```

(9)
```
    4 2 9
+     9 2
```

(13)
```
    6 7 2
+     4 8
```

(10)
```
    3 5 8
+     7 3
```

(14)
```
    2 8 4
+     5 7
```

(11)
```
    1 3 7
+     9 7
```

(15)
```
      3 9
+   7 9 3
```

(12)
```
    5 4 9
+     8 1
```

(16)
```
      8 8
+   4 6 5
```

MD04 받아올림이 있는 (세 자리 수) + (두 자리 수) (3)

● 덧셈을 하세요.

(1)
```
    3 6 3
  +   2 7
  -------
```

(5)
```
    5 9 8
  +   2 8
  -------
```

(2)
```
    2 1 6
  +   8 8
  -------
```

(6)
```
    4 7 5
  +   2 6
  -------
```

(3)
```
    6 7 4
  +   3 7
  -------
```

(7)
```
      5 5
  + 1 5 7
  -------
```

(4)
```
    3 8 9
  +   2 5
  -------
```

(8)
```
      5 6
  + 5 7 8
  -------
```

(9)
```
    5 4 1
+     7 9
```

(13)
```
    8 5 6
+     8 5
```

(10)
```
    1 3 3
+     9 8
```

(14)
```
    5 7 8
+     1 9
```

(11)
```
    2 9 2
+     3 9
```

(15)
```
      8 5
+   3 7 5
```

(12)
```
    6 4 7
+     7 6
```

(16)
```
      8 8
+   4 8 4
```

MD04 받아올림이 있는 (세 자리 수)+(두 자리 수) (3)

● 덧셈을 하세요.

(1)
```
    7 7 3
+     5 9
```

(5)
```
    3 5 9
+     8 7
```

(2)
```
    4 6 4
+     7 7
```

(6)
```
    5 9 6
+     4 5
```

(3)
```
    2 6 7
+     4 6
```

(7)
```
      9 6
+   6 1 5
```

(4)
```
    8 8 9
+     1 9
```

(8)
```
      2 8
+   7 9 6
```

(9)
```
    4 5 9
 +    8 4
```

(13)
```
    6 3 8
 +    7 2
```

(10)
```
    2 4 9
 +    6 2
```

(14)
```
    7 8 8
 +    6 1
```

(11)
```
    5 6 9
 +    7 8
```

(15)
```
      8 3
 +  5 8 8
```

(12)
```
    9 9 0
 +    1 0
```

(16)
```
      9 8
 +  3 7 9
```

MD04 받아올림이 있는 (세 자리 수)+(두 자리 수) (3)

● 덧셈을 하세요.

(1)
```
    2 8 4
 +    4 7
 ────────
```

(5)
```
    6 5 9
 +    5 1
 ────────
```

(2)
```
    6 7 5
 +    6 5
 ────────
```

(6)
```
    3 9 7
 +    2 9
 ────────
```

(3)
```
    4 5 6
 +    7 8
 ────────
```

(7)
```
      2 2
 +  7 8 9
 ────────
```

(4)
```
    5 9 8
 +    2 5
 ────────
```

(8)
```
      4 3
 +  9 0 8
 ────────
```

(9)
```
    3 4 5
  +   7 9
```

(13)
```
    7 8 6
  +   2 6
```

(10)
```
    5 6 2
  +   8 8
```

(14)
```
    4 9 7
  +   4 7
```

(11)
```
    7 5 5
  +   9 6
```

(15)
```
      6 9
  + 6 7 9
```

(12)
```
    1 3 7
  +   7 5
```

(16)
```
      4 4
  + 8 7 4
```

MD04 받아올림이 있는 (세 자리 수)+(두 자리 수) (3)

● 덧셈을 하세요.

(1)
```
    8 3 4
  +   6 8
  -------
```

(5)
```
    9 6 5
  +   1 6
  -------
```

(2)
```
    3 2 5
  +   7 8
  -------
```

(6)
```
    6 1 7
  +   9 6
  -------
```

(3)
```
    4 7 9
  +   2 5
  -------
```

(7)
```
      7 4
  + 5 2 6
  -------
```

(4)
```
    7 6 8
  +   3 4
  -------
```

(8)
```
      3 8
  + 8 6 9
  -------
```

(9)
```
    9 4 0
+     6 0
─────────
```

(13)
```
    4 1 5
+     8 5
─────────
```

(10)
```
    4 1 9
+     8 3
─────────
```

(14)
```
    5 3 8
+     6 4
─────────
```

(11)
```
    6 0 7
+     9 3
─────────
```

(15)
```
      2 2
+   8 7 9
─────────
```

(12)
```
    3 3 6
+     6 5
─────────
```

(16)
```
      4 5
+   7 5 7
─────────
```

MD04 받아올림이 있는 (세 자리 수)+(두 자리 수) (3)

● |보기|와 같이 틀린 답을 바르게 고치세요.

┤보기├

$$
\begin{array}{ccc}
 & 3 & 1 & 7 \\
+ & & 8 & 5 \\
\hline
 & \cancel{3} & \cancel{0} & \cancel{2} \\
\end{array}
$$

402

(1)
$$
\begin{array}{ccc}
 & 2 & 4 & 5 \\
+ & & 5 & 8 \\
\hline
 & 2 & 0 & 3 \\
\end{array}
$$

(3)
$$
\begin{array}{ccc}
 & 5 & 2 & 8 \\
+ & & 7 & 4 \\
\hline
 & 5 & 9 & 2 \\
\end{array}
$$

(2)
$$
\begin{array}{ccc}
 & 3 & 7 & 6 \\
+ & & 2 & 6 \\
\hline
 & 3 & 0 & 2 \\
\end{array}
$$

(4)
$$
\begin{array}{ccc}
 & 7 & 8 & 4 \\
+ & & 1 & 8 \\
\hline
 & 7 & 9 & 2 \\
\end{array}
$$

 Talk 일의 자리에서 받아올림한 수는 십의 자리에서, 십의 자리에서 받아올림한 수는 백의 자리에서 잊지 않고 계산해야 합니다.

(5)
```
    1 5 7
  +   4 9
    1 0 6
```

(9)
```
    6 6 9
  +   3 4
    6 9 3
```

(6)
```
    2 0 8
  +   9 5
    2 9 3
```

(10)
```
    4 1 6
  +   8 5
    4 0 1
```

(7)
```
    5 2 7
  +   7 4
    5 0 1
```

(11)
```
    7 0 5
  +   9 7
    7 9 2
```

(8)
```
    3 4 8
  +   5 3
    3 9 1
```

(12)
```
    8 3 6
  +   6 8
    8 0 4
```

MD04 받아올림이 있는 (세 자리 수)+(두 자리 수) (3)

● 틀린 답을 바르게 고치세요.

(1)
```
    2 5 4
  +   5 8
  ───────
    2 1 2
```

(5)
```
    5 4 9
  +   6 7
  ───────
    6 0 6
```

(2)
```
    1 6 8
  +   4 8
  ───────
    1 1 6
```

(6)
```
    4 1 6
  +   9 7
  ───────
    4 1 3
```

(3)
```
    3 9 5
  +   1 6
  ───────
    3 0 1
```

(7)
```
    6 2 7
  +   8 8
  ───────
    7 0 5
```

(4)
```
    6 7 9
  +   3 5
  ───────
    7 0 4
```

(8)
```
    8 8 7
  +   2 4
  ───────
    8 1 1
```

(9)

```
    3 2 9
  +   9 4
    3 2 3
```

(13)

```
    8 9 7
  +   4 5
    9 3 2
```

(10)

```
    1 6 8
  +   5 2
    2 1 0
```

(14)

```
    5 7 6
  +   6 4
    5 4 0
```

(11)

```
    4 3 7
  +   9 5
    4 3 2
```

(15)

```
    2 4 5
  +   7 8
    3 1 3
```

(12)

```
    6 8 6
  +   7 4
    6 6 0
```

(16)

```
    7 5 8
  +   9 9
    8 4 7
```

학교 연산 대비하자

연산 UP

● 덧셈을 하시오.

(1)
```
    1 3 4
+     4 1
─────────
```

(5)
```
    6 4 2
+     5 3
─────────
```

(2)
```
    3 6 2
+     2 5
─────────
```

(6)
```
    5 2 1
+     1 7
─────────
```

(3)
```
    2 1 5
+     6 3
─────────
```

(7)
```
    7 1 4
+     4 2
─────────
```

(4)
```
    4 3 2
+     1 7
─────────
```

(8)
```
    8 5 2
+     3 6
─────────
```

(9)
```
    1 4 7
+     1 5
─────────
```

(13)
```
    2 6 5
+     7 2
─────────
```

(10)
```
    4 2 6
+     6 4
─────────
```

(14)
```
    6 8 1
+     4 8
─────────
```

(11)
```
    3 5 3
+     2 8
─────────
```

(15)
```
    8 7 2
+     9 4
─────────
```

(12)
```
    6 1 9
+     3 5
─────────
```

(16)
```
    7 2 3
+     8 1
─────────
```

● 덧셈을 하시오.

(1)

```
    1 6 3
+     2 5
─────────
```

(5)

```
    3 5 8
+     2 4
─────────
```

(2)

```
    2 7 4
+     8 1
─────────
```

(6)

```
    6 9 2
+     4 3
─────────
```

(3)

```
    4 2 5
+     1 6
─────────
```

(7)

```
    7 2 8
+     6 5
─────────
```

(4)

```
    5 1 6
+     9 2
─────────
```

(8)

```
    8 6 1
+     8 7
─────────
```

(9)
```
    2 5 2
  +   6 7
```

(13)
```
    5 9 2
  +   8 4
```

(10)
```
    4 4 1
  +   2 9
```

(14)
```
    7 3 4
  +   4 7
```

(11)
```
    6 7 1
  +   7 6
```

(15)
```
    8 8 2
  +   5 7
```

(12)
```
    3 2 2
  +   1 9
```

(16)
```
    9 4 9
  +   3 6
```

● 덧셈을 하시오.

(1)
```
    2 5 2
+     4 8
```

(5)
```
    6 7 4
+     8 9
```

(2)
```
    1 8 7
+     5 6
```

(6)
```
    5 1 9
+     8 9
```

(3)
```
    3 6 4
+     8 7
```

(7)
```
    8 3 5
+     7 6
```

(4)
```
    4 9 3
+     3 8
```

(8)
```
    7 1 8
+     9 9
```

(9)
```
    3 2 8
+     7 8
─────────
```

(13)
```
    4 5 4
+     8 7
─────────
```

(10)
```
    2 8 7
+     4 6
─────────
```

(14)
```
    8 7 6
+     2 8
─────────
```

(11)
```
    1 4 9
+     6 2
─────────
```

(15)
```
    7 2 8
+     9 4
─────────
```

(12)
```
    5 8 5
+     1 9
─────────
```

(16)
```
    6 9 6
+     4 9
─────────
```

● 빈칸에 알맞은 수를 써넣으시오.

(1)

+	44	65
230		
504		

(3)

+	17	21
354		
678		

(2)

+	53	72
126		
413		

(4)

+	28	64
765		
942		

(5)

+	31	65
187		
469		

(7)

+	49	76
657		
764		

(6)

+	27	58
273		
398		

(8)

+	88	99
542		
815		

● 빈 곳에 알맞은 수를 써넣으시오.

(1)

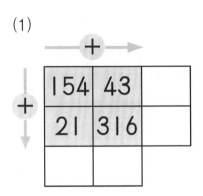

(3)

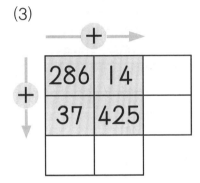

(2)

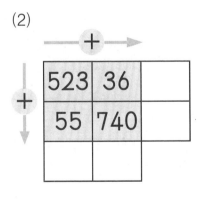

(4)

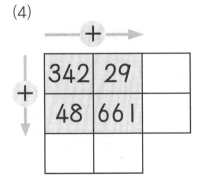

(5)

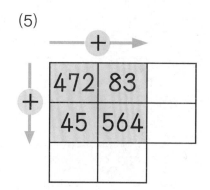

(7)

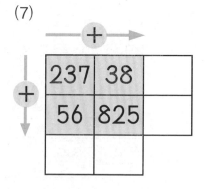

(6)

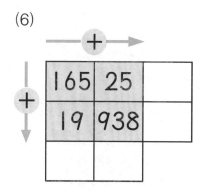

(8)

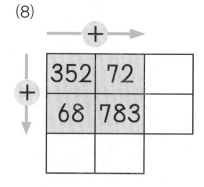

● 빈 곳에 알맞은 수를 써넣으시오.

(1)

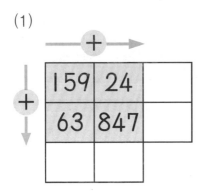

(3)

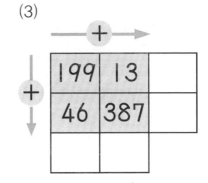

(2)

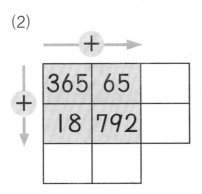

(4)

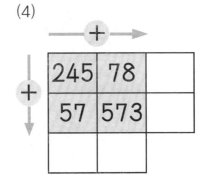

(5)

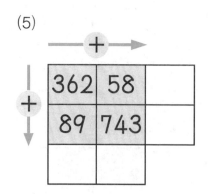

(7)

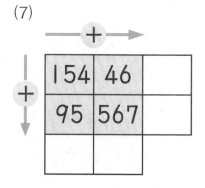

(6)

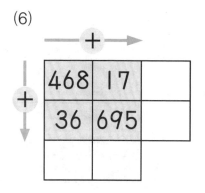

(8)

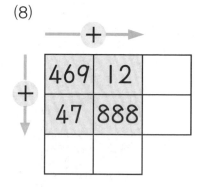

● 다음을 읽고 물음에 답하시오.

(1) 찬호는 줄넘기를 어제는 126개 했고, 오늘은 어제보다 43개 더 했습니다. 찬호는 오늘 줄넘기를 모두 몇 개 했습니까?

(   )

(2) 민준이는 밤을 251개 주웠고, 형은 민준이보다 60개 더 많이 주웠습니다. 형이 주운 밤은 모두 몇 개입니까?

(   )

(3) 주혁이네 학교 학생 중 태권도를 배우는 남학생은 183명, 여학생은 67명입니다. 주혁이네 학교 학생 중 태권도를 배우는 학생은 모두 몇 명입니까?

(   )

(4) 과일 가게에 수박이 **85**개, 참외가 **316**개 있습니다.
과일 가게에서 있는 수박과 참외는 모두 몇 개입니까?

(   )

(5) 한솔이네 학교 남학생은 **318**명이고, 여학생은 남학생
보다 **26**명 더 많습니다. 한솔이네 학교 여학생은 모두
몇 명입니까?

(   )

(6) 과수원에서 어머니는 사과를 **492**개 땄고, 아버지는
어머니보다 **74**개를 더 땄습니다. 아버지가 딴 사과는
모두 몇 개입니까?

(   )

● 다음을 읽고 물음에 답하시오.

(1) 소연이는 색 테이프를 153 m 가지고 있고, 지호는 소연
이보다 23 m 더 가지고 있습니다. 지호가 가지고 있는 색
테이프는 모두 몇 m입니까?

(   )

(2) 영찬이는 색종이를 186장 가지고 있습니다. 오늘 친구에
게 14장을 더 받았다면 영찬이가 가지고 있는 색종이는
모두 몇 장입니까?

(   )

(3) 축구장에 남자 어린이가 237명, 여자 어린이가 98명 모
였습니다. 축구장에 모인 어린이는 모두 몇 명입니까?

(   )

(4) 싱싱 농장에서는 딸기를 138상자 수확했고, 알찬 농장에서는 딸기를 싱싱 농장보다 46상자 더 수확했습니다. 알찬 농장에서 수확한 딸기는 모두 몇 상자입니까?

(   )

(5) 어느 박물관의 관람객 수는 토요일은 754명이었고, 일요일은 토요일보다 47명 더 많았습니다. 일요일 관람객 수는 모두 몇 명입니까?

(   )

(6) 학교 도서실에 위인전은 692권이 있고, 과학책은 위인전보다 68권 더 많습니다. 학교 도서실에 있는 과학책은 모두 몇 권입니까?

(   )

정 답

MD01

1	2	3	4	5	6	7	8
(1) 30	(9) 79	(1) 140	(9) 173	(1) 240	(9) 287	(1) 390	(9) 440
(2) 40	(10) 64	(2) 110	(10) 183	(2) 230	(10) 265	(2) 370	(10) 421
(3) 61	(11) 94	(3) 130	(11) 165	(3) 280	(11) 272	(3) 367	(11) 498
(4) 58	(12) 86	(4) 170	(12) 172	(4) 228	(12) 249	(4) 392	(12) 456
(5) 81	(13) 83	(5) 190	(13) 191	(5) 272	(13) 256	(5) 394	(13) 488
(6) 43	(14) 92	(6) 180	(14) 164	(6) 273	(14) 233	(6) 387	(14) 468
(7) 72	(15) 97	(7) 160	(15) 196	(7) 224	(15) 258	(7) 349	(15) 427
(8) 68	(16) 99	(8) 180	(16) 197	(8) 277	(16) 246	(8) 382	(16) 484

MD01

9	10	11	12	13	14	15	16
(1) 170	(9) 368	(1) 581	(9) 667	(1) 770	(9) 868	(1) 991	(9) 585
(2) 170	(10) 359	(2) 599	(10) 678	(2) 747	(10) 828	(2) 992	(10) 586
(3) 195	(11) 398	(3) 586	(11) 623	(3) 723	(11) 829	(3) 964	(11) 672
(4) 168	(12) 362	(4) 529	(12) 681	(4) 745	(12) 851	(4) 995	(12) 668
(5) 266	(13) 497	(5) 576	(13) 676	(5) 787	(13) 896	(5) 975	(13) 749
(6) 287	(14) 476	(6) 528	(14) 643	(6) 776	(14) 886	(6) 978	(14) 729
(7) 276	(15) 468	(7) 578	(15) 686	(7) 798	(15) 878	(7) 935	(15) 859
(8) 299	(16) 418	(8) 549	(16) 656	(8) 789	(16) 874	(8) 977	(16) 998

17	18	19	20	21	22	23	24
(1) 570	(9) 789	(1) 143	(9) 380	(1) 168	(9) 883	(1) 175	(9) 926
(2) 597	(10) 761	(2) 288	(10) 482	(2) 325	(10) 191	(2) 462	(10) 289
(3) 564	(11) 841	(3) 367	(11) 593	(3) 518	(11) 570	(3) 785	(11) 495
(4) 562	(12) 863	(4) 495	(12) 666	(4) 759	(12) 474	(4) 294	(12) 675
(5) 698	(13) 856	(5) 294	(13) 467	(5) 981	(13) 389	(5) 576	(13) 858
(6) 687	(14) 978	(6) 330	(14) 537	(6) 288	(14) 754	(6) 896	(14) 144
(7) 689	(15) 959	(7) 482	(15) 678	(7) 429	(15) 278	(7) 388	(15) 351
(8) 781	(16) 948	(8) 597	(16) 747	(8) 675	(16) 997	(8) 618	(16) 599

25	26	27	28	29	30	31	32
(1) 140	(9) 380	(1) 200	(9) 330	(1) 477	(9) 695	(1) 868	(9) 283
(2) 250	(10) 679	(2) 230	(10) 333	(2) 575	(10) 886	(2) 958	(10) 576
(3) 373	(11) 267	(3) 240	(11) 372	(3) 479	(11) 782	(3) 877	(11) 956
(4) 458	(12) 939	(4) 260	(12) 476	(4) 479	(12) 687	(4) 998	(12) 959
(5) 599	(13) 196	(5) 300	(13) 497	(5) 685	(13) 779	(5) 977	(13) 868
(6) 695	(14) 468	(6) 310	(14) 494	(6) 779	(14) 848	(6) 999	(14) 958
(7) 787	(15) 858	(7) 430	(15) 567	(7) 593	(15) 769	(7) 975	(15) 987
(8) 879	(16) 547	(8) 570	(16) 577	(8) 687	(16) 786	(8) 979	(16) 669

MD01

33	34	35	36	37	38	39	40
(1) 177	(7) 458	(1) 5, 8	(7) 5, 1	(1) 669	(7) 449	(1) 2, 1, 1	(7) 1, 1, 3
(2) 358	(8) 577	(2) 5, 0	(8) 2, 1	(2) 889	(8) 895	(2) 1, 3, 0	(8) 2, 2, 6
(3) 267	(9) 778	(3) 6, 2	(9) 6, 6	(3) 787	(9) 779	(3) 6, 4, 1	(9) 1, 6, 2
(4) 4, 5	(10) 617	(4) 4, 2	(10) 1, 6	(4) 5, 2, 3	(10) 986	(4) 2, 7, 0	(10) 3, 7, 2
(5) 3, 2	(11) 5, 7	(5) 1, 3	(11) 4, 5	(5) 6, 1, 1	(11) 4, 2, 3	(5) 6, 2, 5	(11) 1, 3, 0
(6) 1, 3	(12) 4, 3	(6) 3, 1	(12) 4, 4	(6) 4, 3, 7	(12) 2, 3, 5	(6) 3, 5, 2	(12) 1, 4, 2
	(13) 1, 4		(13) 2, 4		(13) 3, 6, 1		(13) 6, 5, 1
	(14) 3, 2		(14) 2, 0		(14) 1, 5, 2		(14) 2, 2, 4

MD02

1	2	3	4	5	6	7	8
(1) 90	(9) 110	(1) 141	(9) 215	(1) 183	(9) 159	(1) 262	(9) 314
(2) 72	(10) 130	(2) 171	(10) 215	(2) 180	(10) 218	(2) 271	(10) 275
(3) 63	(11) 139	(3) 170	(11) 216	(3) 149	(11) 249	(3) 281	(11) 355
(4) 45	(12) 107	(4) 194	(12) 244	(4) 172	(12) 217	(4) 291	(12) 345
(5) 90	(13) 127	(5) 170	(13) 196	(5) 173	(13) 239	(5) 259	(13) 327
(6) 91	(14) 128	(6) 187	(14) 207	(6) 180	(14) 225	(6) 293	(14) 298
(7) 92	(15) 149	(7) 192	(15) 259	(7) 191	(15) 247	(7) 280	(15) 329
(8) 65	(16) 118	(8) 180	(16) 228	(8) 194	(16) 227	(8) 293	(16) 319

9	10	11	12	13	14	15	16
(1) 184	(9) 281	(1) 281	(9) 309	(1) 147	(9) 247	(1) 130	(9) 264
(2) 181	(10) 284	(2) 260	(10) 329	(2) 183	(10) 253	(2) 157	(10) 275
(3) 180	(11) 261	(3) 261	(11) 307	(3) 150	(11) 214	(3) 290	(11) 338
(4) 161	(12) 264	(4) 283	(12) 305	(4) 161	(12) 195	(4) 293	(12) 347
(5) 248	(13) 309	(5) 294	(13) 346	(5) 285	(13) 378	(5) 180	(13) 186
(6) 228	(14) 302	(6) 258	(14) 324	(6) 275	(14) 308	(6) 192	(14) 228
(7) 239	(15) 336	(7) 291	(15) 298	(7) 280	(15) 318	(7) 274	(15) 317
(8) 229	(16) 366	(8) 221	(16) 328	(8) 292	(16) 318	(8) 271	(16) 338

17	18	19	20	21	22	23	24
(1) 181	(9) 274	(1) 363	(9) 428	(1) 370	(9) 426	(1) 451	(9) 526
(2) 182	(10) 261	(2) 395	(10) 433	(2) 341	(10) 463	(2) 450	(10) 527
(3) 140	(11) 244	(3) 393	(11) 437	(3) 381	(11) 425	(3) 443	(11) 486
(4) 140	(12) 272	(4) 350	(12) 458	(4) 392	(12) 439	(4) 456	(12) 538
(5) 248	(13) 337	(5) 382	(13) 438	(5) 371	(13) 379	(5) 492	(13) 525
(6) 219	(14) 335	(6) 376	(14) 426	(6) 354	(14) 427	(6) 493	(14) 527
(7) 265	(15) 376	(7) 342	(15) 415	(7) 342	(15) 416	(7) 480	(15) 523
(8) 236	(16) 346	(8) 360	(16) 418	(8) 391	(16) 418	(8) 473	(16) 519

25	26	27	28	29	30	31	32
(1) 373	(9) 467	(1) 473	(9) 536	(1) 371	(9) 427	(1) 369	(9) 419
(2) 396	(10) 442	(2) 463	(10) 535	(2) 365	(10) 447	(2) 351	(10) 425
(3) 392	(11) 481	(3) 453	(11) 545	(3) 373	(11) 419	(3) 481	(11) 534
(4) 381	(12) 482	(4) 474	(12) 528	(4) 395	(12) 439	(4) 470	(12) 519
(5) 407	(13) 516	(5) 491	(13) 508	(5) 493	(13) 508	(5) 381	(13) 409
(6) 437	(14) 527	(6) 452	(14) 507	(6) 471	(14) 498	(6) 393	(14) 405
(7) 439	(15) 527	(7) 479	(15) 518	(7) 450	(15) 507	(7) 481	(15) 518
(8) 429	(16) 533	(8) 481	(16) 519	(8) 482	(16) 517	(8) 461	(16) 508

33	34	35	36	37	38	39	40
(1) 372	(9) 494	(1) 172	(9) 207	(1) 261	(9) 496	(1) 182	(9) 239
(2) 342	(10) 493	(2) 163	(10) 308	(2) 381	(10) 235	(2) 272	(10) 528
(3) 382	(11) 462	(3) 250	(11) 266	(3) 481	(11) 337	(3) 491	(11) 407
(4) 383	(12) 450	(4) 291	(12) 409	(4) 192	(12) 427	(4) 363	(12) 319
(5) 419	(13) 507	(5) 381	(13) 307	(5) 391	(13) 238	(5) 260	(13) 537
(6) 409	(14) 527	(6) 357	(14) 529	(6) 464	(14) 311	(6) 447	(14) 337
(7) 418	(15) 557	(7) 491	(15) 421	(7) 164	(15) 409	(7) 391	(15) 426
(8) 437	(16) 529	(8) 492	(16) 528	(8) 292	(16) 508	(8) 191	(16) 208

1	2	3	4	5	6	7	8
(1) 259	(9) 207	(1) 563	(9) 628	(1) 670	(9) 726	(1) 551	(9) 626
(2) 163	(10) 308	(2) 595	(10) 633	(2) 641	(10) 763	(2) 550	(10) 627
(3) 250	(11) 266	(3) 585	(11) 637	(3) 681	(11) 725	(3) 543	(11) 556
(4) 291	(12) 409	(4) 550	(12) 658	(4) 692	(12) 739	(4) 556	(12) 638
(5) 381	(13) 307	(5) 582	(13) 637	(5) 671	(13) 749	(5) 692	(13) 725
(6) 361	(14) 529	(6) 582	(14) 626	(6) 654	(14) 727	(6) 693	(14) 727
(7) 491	(15) 421	(7) 542	(15) 615	(7) 642	(15) 716	(7) 680	(15) 723
(8) 492	(16) 528	(8) 560	(16) 618	(8) 689	(16) 718	(8) 673	(16) 719

9	10	11	12	13	14	15	16
(1) 573	(9) 667	(1) 773	(9) 836	(1) 871	(9) 927	(1) 775	(9) 819
(2) 596	(10) 642	(2) 763	(10) 835	(2) 865	(10) 947	(2) 751	(10) 925
(3) 592	(11) 685	(3) 750	(11) 845	(3) 873	(11) 919	(3) 881	(11) 834
(4) 581	(12) 682	(4) 774	(12) 828	(4) 889	(12) 939	(4) 870	(12) 819
(5) 607	(13) 696	(5) 792	(13) 808	(5) 893	(13) 908	(5) 881	(13) 809
(6) 637	(14) 727	(6) 748	(14) 807	(6) 871	(14) 928	(6) 993	(14) 905
(7) 639	(15) 727	(7) 781	(15) 818	(7) 850	(15) 907	(7) 981	(15) 918
(8) 629	(16) 733	(8) 781	(16) 819	(8) 882	(16) 917	(8) 961	(16) 908

MD03

17	18	19	20	21	22	23	24
(1) 132	(9) 205	(1) 163	(9) 346	(1) 163	(9) 397	(1) 193	(9) 549
(2) 160	(10) 307	(2) 173	(10) 208	(2) 181	(10) 508	(2) 171	(10) 434
(3) 281	(11) 536	(3) 260	(11) 424	(3) 165	(11) 525	(3) 260	(11) 517
(4) 281	(12) 468	(4) 273	(12) 558	(4) 280	(12) 567	(4) 251	(12) 547
(5) 363	(13) 878	(5) 393	(13) 817	(5) 293	(13) 616	(5) 191	(13) 746
(6) 378	(14) 739	(6) 362	(14) 699	(6) 276	(14) 718	(6) 372	(14) 943
(7) 466	(15) 945	(7) 492	(15) 625	(7) 391	(15) 848	(7) 284	(15) 623
(8) 493	(16) 969	(8) 492	(16) 947	(8) 393	(16) 921	(8) 374	(16) 805

MD03

25	26	27	28	29	30	31	32
(1) 171	(9) 590	(1) 191	(9) 519	(1) 330	(9) 306	(1) 192	(9) 536
(2) 161	(10) 561	(2) 274	(10) 424	(2) 264	(10) 214	(2) 481	(10) 307
(3) 283	(11) 682	(3) 440	(11) 927	(3) 661	(11) 806	(3) 253	(11) 238
(4) 290	(12) 981	(4) 272	(12) 627	(4) 772	(12) 729	(4) 898	(12) 945
(5) 378	(13) 809	(5) 572	(13) 714	(5) 996	(13) 929	(5) 396	(13) 709
(6) 429	(14) 739	(6) 663	(14) 257	(6) 489	(14) 658	(6) 971	(14) 847
(7) 518	(15) 917	(7) 772	(15) 824	(7) 182	(15) 457	(7) 651	(15) 667
(8) 528	(16) 975	(8) 933	(16) 248	(8) 594	(16) 565	(8) 774	(16) 469

MD03

33	34	35	36	37	38	39	40
(1) 251	(9) 418	(1) 182	(9) 337	(1) 282	(5) 262	(1) 337	(5) 417
(2) 190	(10) 596	(2) 383	(10) 217	(2) 342	(6) 186	(2) 605	(6) 216
(3) 494	(11) 347	(3) 444	(11) 705	(3) 562	(7) 371	(3) 528	(7) 527
(4) 593	(12) 209	(4) 742	(12) 415	(4) 792	(8) 694	(4) 828	(8) 755
(5) 690	(13) 807	(5) 287	(13) 508		(9) 586		(9) 937
(6) 386	(14) 536	(6) 663	(14) 655		(10) 463		(10) 638
(7) 761	(15) 739	(7) 580	(15) 908		(11) 985		(11) 319
(8) 981	(16) 919	(8) 897	(16) 838		(12) 891		(12) 849

MD04

1	2	3	4	5	6	7	8
(1) 132	(9) 173	(1) 200	(9) 210	(1) 300	(9) 326	(1) 400	(9) 426
(2) 110	(10) 196	(2) 200	(10) 239	(2) 300	(10) 370	(2) 400	(10) 400
(3) 120	(11) 262	(3) 202	(11) 211	(3) 301	(11) 330	(3) 404	(11) 432
(4) 170	(12) 233	(4) 203	(12) 240	(4) 302	(12) 311	(4) 403	(12) 442
(5) 160	(13) 207	(5) 200	(13) 241	(5) 300	(13) 301	(5) 421	(13) 432
(6) 152	(14) 244	(6) 212	(14) 232	(6) 301	(14) 331	(6) 400	(14) 491
(7) 191	(15) 221	(7) 200	(15) 220	(7) 301	(15) 323	(7) 423	(15) 430
(8) 174	(16) 226	(8) 230	(16) 222	(8) 302	(16) 325	(8) 406	(16) 420

9	10	11	12	13	14	15	16
(1) 173	(9) 417	(1) 473	(9) 536	(1) 571	(9) 627	(1) 205	(9) 320
(2) 216	(10) 402	(2) 513	(10) 541	(2) 605	(10) 601	(2) 201	(10) 230
(3) 222	(11) 411	(3) 533	(11) 553	(3) 613	(11) 600	(3) 310	(11) 541
(4) 211	(12) 422	(4) 504	(12) 531	(4) 616	(12) 612	(4) 420	(12) 424
(5) 311	(13) 216	(5) 531	(13) 511	(5) 653	(13) 611	(5) 211	(13) 309
(6) 342	(14) 331	(6) 502	(14) 513	(6) 631	(14) 631	(6) 343	(14) 510
(7) 344	(15) 230	(7) 531	(15) 520	(7) 600	(15) 611	(7) 541	(15) 622
(8) 330	(16) 442	(8) 511	(16) 523	(8) 662	(16) 623	(8) 441	(16) 614

17	18	19	20	21	22	23	24
(1) 132	(9) 311	(1) 700	(9) 846	(1) 903	(9) 961	(1) 1000	(9) 1000
(2) 400	(10) 213	(2) 703	(10) 814	(2) 911	(10) 980	(2) 1000	(10) 990
(3) 341	(11) 542	(3) 704	(11) 833	(3) 885	(11) 981	(3) 1000	(11) 1010
(4) 561	(12) 470	(4) 723	(12) 860	(4) 930	(12) 956	(4) 1010	(12) 1030
(5) 413	(13) 380	(5) 713	(13) 820	(5) 913	(13) 983	(5) 1020	(13) 1040
(6) 315	(14) 540	(6) 732	(14) 860	(6) 936	(14) 965	(6) 1001	(14) 1080
(7) 226	(15) 652	(7) 762	(15) 830	(7) 951	(15) 984	(7) 1006	(15) 1013
(8) 663	(16) 272	(8) 712	(16) 858	(8) 913	(16) 998	(8) 1003	(16) 1039

25	26	27	28	29	30	31	32
(1) 571	(9) 390	(1) 431	(9) 521	(1) 390	(9) 620	(1) 832	(9) 543
(2) 211	(10) 621	(2) 324	(10) 431	(2) 304	(10) 231	(2) 541	(10) 311
(3) 733	(11) 502	(3) 490	(11) 234	(3) 711	(11) 331	(3) 313	(11) 647
(4) 300	(12) 341	(4) 422	(12) 630	(4) 414	(12) 723	(4) 908	(12) 1000
(5) 475	(13) 507	(5) 642	(13) 720	(5) 626	(13) 941	(5) 446	(13) 710
(6) 354	(14) 735	(6) 733	(14) 341	(6) 501	(14) 597	(6) 641	(14) 849
(7) 221	(15) 626	(7) 202	(15) 832	(7) 212	(15) 460	(7) 711	(15) 671
(8) 530	(16) 480	(8) 723	(16) 553	(8) 634	(16) 572	(8) 824	(16) 477

33	34	35	36	37	38	39	40
(1) 331	(9) 424	(1) 902	(9) 1000	(1) 303	(5) 206	(1) 312	(9) 423
(2) 740	(10) 650	(2) 403	(10) 502	(2) 402	(6) 303	(2) 216	(10) 220
(3) 534	(11) 851	(3) 504	(11) 700	(3) 602	(7) 601	(3) 411	(11) 532
(4) 623	(12) 212	(4) 802	(12) 401	(4) 802	(8) 401	(4) 714	(12) 760
(5) 710	(13) 812	(5) 981	(13) 500		(9) 703	(5) 616	(13) 942
(6) 426	(14) 544	(6) 713	(14) 602		(10) 501	(6) 513	(14) 640
(7) 811	(15) 748	(7) 600	(15) 901		(11) 802	(7) 715	(15) 323
(8) 951	(16) 918	(8) 907	(16) 802		(12) 904	(8) 911	(16) 857

연산 UP

1	2	3	4
(1) 175	**(9)** 162	**(1)** 188	**(9)** 319
(2) 387	**(10)** 490	**(2)** 355	**(10)** 470
(3) 278	**(11)** 381	**(3)** 441	**(11)** 747
(4) 449	**(12)** 654	**(4)** 608	**(12)** 341
(5) 695	**(13)** 337	**(5)** 382	**(13)** 676
(6) 538	**(14)** 729	**(6)** 735	**(14)** 781
(7) 756	**(15)** 966	**(7)** 793	**(15)** 939
(8) 888	**(16)** 804	**(8)** 948	**(16)** 985

연산 UP

5	6	7	8
(1) 300	**(9)** 406		
(2) 243	**(10)** 333		
(3) 451	**(11)** 211		
(4) 531	**(12)** 604		
(5) 763	**(13)** 541		
(6) 608	**(14)** 904		
(7) 911	**(15)** 822		
(8) 817	**(16)** 745		

7

(1)

+	44	65
230	274	295
504	548	569

(2)

+	53	72
126	179	198
413	466	485

(3)

+	17	21
354	371	375
678	695	699

(4)

+	28	64
765	793	829
942	970	1006

8

(5)

+	31	65
187	218	252
469	500	534

(6)

+	27	58
273	300	331
398	425	456

(7)

+	49	76
657	706	733
764	813	840

(8)

+	88	99
542	630	641
815	903	914

9	10	11	12

(1)
→ + →
↓ + ↓

154	43	197
21	316	337
175	359	

(5)
→ + →
↓ + ↓

472	83	555
45	564	609
517	647	

(1)
→ + →
↓ + ↓

159	24	183
63	847	910
222	871	

(5)
→ + →
↓ + ↓

362	58	420
89	743	832
451	801	

(2)
→ + →
↓ + ↓

523	36	559
55	740	795
578	776	

(6)
→ + →
↓ + ↓

165	25	190
19	938	957
184	963	

(2)
→ + →
↓ + ↓

365	65	430
18	792	810
383	857	

(6)
→ + →
↓ + ↓

468	17	485
36	695	731
504	712	

(3)
→ + →
↓ + ↓

286	14	300
37	425	462
323	439	

(7)
→ + →
↓ + ↓

237	38	275
56	825	881
293	863	

(3)
→ + →
↓ + ↓

199	13	212
46	387	433
245	400	

(7)
→ + →
↓ + ↓

154	46	200
95	567	662
249	613	

(4)
→ + →
↓ + ↓

342	29	371
48	661	709
390	690	

(8)
→ + →
↓ + ↓

352	72	424
68	783	851
420	855	

(4)
→ + →
↓ + ↓

245	78	323
57	573	630
302	651	

(8)
→ + →
↓ + ↓

469	12	481
47	888	935
516	900	

13	14	15	16
(1) 169개	(4) 401개	(1) 176 m	(4) 184상자
(2) 311개	(5) 344명	(2) 200장	(5) 801명
(3) 250명	(6) 566개	(3) 335명	(6) 760권